百日出栏养猪法

（修订版）

梁忠纪　编著

科学技术文献出版社
SCIENTIFIC AND TECHNICAL DOCUMENTATION PRESS

(京)新登字130号

内 容 简 介

饲养60日龄的仔猪重达20千克,断奶仔猪再饲养100天左右就达到出栏标准,并做到每养一头猪赚150元以上,这一先进的饲养秘诀、育肥技术即为"百日出栏养猪法",这一技术正在全面推广。

"百日出栏养猪法"的创造者梁忠纪先生在此书中详细介绍了此法的主要特点、基本条件及应用实例,全面阐述了杂种优势的利用,饲粮的构成及计算方法,育肥全期的饲养管理与技术诀窍,僵猪及常见病的防治技术等。全书既突出了实用性、通俗性、可操作性,又有一定的学术探讨价值。

该书可供广大养猪户阅读使用,也可作为畜牧专业师生、技术人员和养猪场生产人员的参考资料。

科学技术文献出版社是国家科学技术部系统惟一一家中央级综合性科技出版机构,我们所有的努力都是为了使您增长知识和才干。

再版前言

生猪生产是农村致富门路之一。目前生产正面临饲料涨价,生产成本提高,经济效益下降的问题,如何提高养猪的经济效益,在生猪市场上转败为胜,成为众多养猪户面临的一大难题。仔细分析,对养猪户经济效益的影响无非就两方面的因素:即市场上生猪的价格和猪的饲养成本。市场上的生猪价格是由市场来决定的,养猪户无能为力。因此,降低饲养成本是市场经济条件下提高养猪经济效益的惟一途径。那么养猪户如何降低饲养成本?这是笔者十多年来的苦苦追求,也是本书修订的主要目的。养猪户只要读上这本书,按照笔者讲述的去做,无论饲料如何涨价,生猪价格如何下滑,养猪户一定能盈利,这就是这本书的独到之处。重庆市李某2003年跑到笔者住处报喜,在该地活猪价格低迷,每千克5元左右的情况下,他按笔者教导降低饲料成本养猪,全年养2批猪,每批10头,平均每头赚195元。广东佛山市李某,重视品种改良,坚持自繁自养,在饲料大幅涨价情况下,他上山找松针粉,用羽毛、发毛、猪毛自制复合氨基酸,降低饲料成本,全年养2批猪,每批100头,每头赚160元。广东高州市李某按此方法养8头猪,2004年8月份出栏,共盈利3 600元,平均每头盈利450元。广西兴安县彭某,过去养猪全靠买全价饲料喂猪,一年养200头亏损4万多元,运用降低饲养成本的养猪法,整个猪场扭亏为盈,每头赚200元以上。综合几年来生产实践,总结归纳为如下几点:

一、重视品种改良,坚持自繁自养

养猪生产者必须利用产肉性能好的猪种。一般优良品种均具有产仔多、日增重快、饲料报酬高、屠体重、瘦肉率高等特点,如长白、大白猪,初产窝仔为11.5头,而一般土猪不具备这些特点,且生长慢,饲料转化率低。就目前市场而言,改良猪价格比未改良猪价格高0.6~1元/千克,如果按90千克出栏,一头改良的猪比未改良猪多获利54~90元,因此,品种的好坏直接影响养猪户的效益。

仔猪费用一般占养猪总费用支出的25%~30%。为降低仔猪费用支出,养猪户一定要自繁自养杂交仔猪,这样可降低仔猪费用30%~40%。自繁自养的优势还表现在:①效益互补,即无论苗猪行情如何变化,自繁苗猪都能按其固有价值转移到商品中,取得较为稳定的规模效益;②防止疫病,可以避免因苗猪来源不同所造成的疫病传染。

二、高饲料转化率,充分利用周围廉价饲料资源

饲料的费用占整个养猪成本的70%以上。饲料转化率的高低直接影响猪的饲养成本,若饲料转化率由3.5:1降到3.2:1,则一头猪可节省饲料18千克。因此,合理利用饲料配方中的原料成为降低生产成本的又一因素。同样原料,不同

的配方饲料转化率也不一样。同样,相同的配方来自不同产地的原料,饲料转化率也不同。只有采用最新科学方法配制的全价饲料和生产性能最佳的杂种猪,才能提高饲料的利用率和转化率,从而降低生产成本,增加养猪户的效益。充分利用周围的廉价饲料资源,是降低饲养成本的主要措施之一。据调查,能作为饲料的树叶有:松树叶、桉树叶、槐树叶、大叶速生槐、大叶杨、山楂树叶,杨树花、槐树花也可以喂猪。如桉树,全国各地都有分布,每个农户栽种 2 亩桉树,2~3 年成林后可采桉树叶经发酵加工制作饲料养肥 30 头猪,纯收入少说也有 1 万元。(一个养殖场以 5 000 头猪统计)。利用城市酒家泔水喂猪,可节省精料 51.6%,降低饲料成本 51.28%,每头平均增加效益 35.8%(据 19 个专业户 2 645 头肉猪统计);利用“五坊”糟渣喂猪,可节省精料 38.9%,节约精料成本 36.41%,每头平均增加效益 19.73 元(据 22 户,2 381 头肉猪统计)。建议农户自己配饲料,每千克饲料仅 0.8 元左右,比外购(1.1 元)节省 0.3 元,平均每头节省饲料费 30 元左右。要坚持定时定量饲喂,日喂 4 次,每隔 4 小时喂 1 次。采用生料拌湿喂,日喂料水比 1:1,让 50 千克的猪自由采食,吃饱吃好,50 千克以上的猪,日喂九分饱,这样不仅每头猪可节省一些饲料,而且可提高瘦肉率 2%~3%。

三、加强综合防治,杜绝传染病发生,保证猪的健康生长

猪的生长快慢、饲料利用率的高低,不仅与猪的品种、饲料有关,而且与猪的健康状况有着密切关系。如果猪场经常有慢性传染病的困扰,特别是喘气病、传染病胸膜炎等,猪能

吃不长,而且延期出栏,增加饲养日和饲料消耗,造成饲养成本上升。很显然,如果猪场暴发传染病,猪大批死亡,造成饲养成本上升,往往会使经营者陷入困境;因此必须加强防疫消毒措施,严格贯彻执行免疫程序,保持猪舍干净卫生,及时消除有害气体,保证猪的健康生长,才能提高经济效益。

药费支出主要用于"四防"(即预防猪瘟、猪丹毒、猪肺疫、仔猪副伤寒)及消毒用药,据10个养猪户调查,正常药费支出平均每头猪5元左右,最低的为1.3元,仅为养1头猪总支出的2%~3%。减少防治成本要坚持无病早防、有病早治,定时打"四防"针,并注意猪舍的环境卫生,建水泥地面,定期消毒,每天冲洗粪便,猪舍保持冬暖夏凉,同时经常观察猪的动态,一旦发现疾病及时治疗。

四、加强管理,合理安排生产五环节,缩短饲养期

养猪生产者,既要懂经济又要懂技术。只有这样,生产经营者才能利用有限的资金去做更多的事。养猪经营者必须有分析市场能力,结合猪场的实际情况,制定适合本场的生产计划,使生产和销售相结合,最终取得良好的经济效益。

一般规模养猪100~150头,1头存栏占200元流动资金,以30元社会平均得益计算,一年饲养两批(6个月的肥育期),单位资金可得益60元,如果一年上市三批(肥育期为4个月),则可得益90元。为了缩短流动资金占用时间,减少利息支出,可采取两种办法:一是提高出栏次数;二是减少饲料储量,尽量减少因储存饲料而积压资金。

自《百日出栏养猪法》一书出版以来,笔者收到4 400多

封咨询信，2 000 多个电话，其中 1/3 的读者在问：如何养猪才能赚钱？这是读者的焦点，也是当前“农民”如何奔小康要解决的难点。趁出版社修订此书之际，笔者根据十多年来的实践和摸索，就如何才能赚钱一一作解答。此次修订把笔者编写并用于学习班教材培训了全国 27 万多名学员的《仔猪速养技术》、《代用料快速养猪法》、《百日出栏养猪法》合成一本书，具有内容新颖、技术实用、文字浅显、通俗易懂等特点，只要具有小学文化程度都能看懂，相信能为广大农户养猪致富助一臂之力。

限于本人水平，书中难免有缺点和错误，敬请广大读者批评指正。

编　者

2004 年 9 月

目　录

第一章　种猪的选择

仔猪是“百日出栏养猪法”的基础，怎样用科学方法繁殖饲养与整个养猪生产关系极大。过去由于仔猪饲养技术没有普及，广大农户在学习“百日出栏养猪法”时都到市场上购买仔猪来饲养，结果不仅加大了成本，而且往往达不到百日出栏的效果。为了使广大农户都能达到百日出栏的效果，笔者曾编写了《仔猪速养技术》，举办学习班，结果学员们按此技术饲养公母猪，自繁仔猪，60 日龄仔猪重达 20 千克以上，再养 100 天，肉猪能出栏了，而且成本大大降低。

一、选养杂交猪

现代养猪学认为，养猪快大三关键：一种、二料、三管理。猪种是第一关键，是养猪快大的基础。猪繁殖力性状的杂种优势是所有经济性状中最高的，而现行的生产模式（见图 a）中恰恰没有很好利用，如改为图 c 的模式，就能在繁殖力方面获得较高的杂种优势。

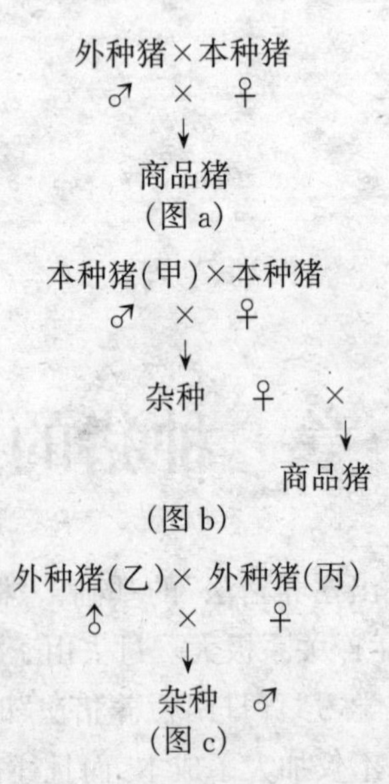

(图 a)

(图 b)

(图 c)

同一管理样水平(条件),猪种好,饲养起来大得快,效益好;相反,猪种不好,猪长得很慢,效益低。目前认为杂交猪效益最好。因为杂交猪具有杂种优势,能发挥其父本和母本优点。总的来说,杂交猪具有长得快,对饲料利用率高,抗病力强,瘦肉率高的优点。实践证明,两个品种杂交猪(二元杂交)比纯种猪多增重 15%~20%;三个品种杂交猪(三元杂交)比二个品种杂交猪好,比纯种猪多增重 30%,所以利用杂交猪是养猪快大的重要措施之一。目前我国正在利用中外引进的瘦肉型猪与我国优良的地方种猪和培养品种进行经济杂交,生产商品瘦肉型猪。例如以长白猪、大约克夏猪、杜洛克猪、汉普夏猪作父本,与优良的地方品种猪或培养品种杂交,均获得较好的效果。

(一)三元杂交的方法

猪的三元杂交,是指先用一个优良的外国公猪与本地母猪配种,并在其所生的优良子代中选留母猪,再用另一个品种的外国种公猪与其交配,将所生的后代育肥的过程。目前,养殖三元杂交所有育肥猪,其饲养成本大大降低,经济效益明显提高。其具体做法如下:

1.抓好杂交一代母猪的选留和培育

杂交一代母猪的选留,养猪户可依其所好,选用长白猪或大约克猪或杜洛克猪等外国优良瘦肉型猪种公猪与本地优良地方品种中具有明显优势的母猪个体进行交配,在所产生的杂种后代中,选留那些条件好、生长发育中等偏上、乳头多而匀称无瞎乳的仔母猪作杂种一代母猪,然后进行培育。杂种一代母猪性成熟和体成熟均比本地母猪迟。一般饲养5~7个月,或体重达65~85千克,方能配种。由于杂种母猪具有杂交优势,生长快、着肉力强,因此对杂种一代母猪的培育,在饲料上前期营养水平要高,能量、蛋白质、钙、磷及微量元素、维生素均应达到标准和满足供应,使之尽快地生长快育。后期要注意能量的调配。在此阶段应以青粗饲为主,根据膘情,适当搭配“花花料”,但应注意微量元素的供应,使之体况保持不肥不瘦,有利于促进发情和配种。杂交母猪由于是瘦肉型猪,爱运动、体大力大,饲养猪舍应当宽敞牢固,并注意清洁卫生和消毒、防病、驱除寄生虫。杂种母猪在培育过程中,发现有严重的生理缺陷时,应及时淘汰,确保质量。

2. 作为杂种母猪配种的种公猪品种,注意适时配种

猪三元杂交的技术关键是对杂种一代母猪的种公猪的品种选配。选种的核心是给杂种一代母猪配种的良种公猪品种,必须不同该母猪的双亲品种。如长白类杂种一代母猪只能以约克夏或杜洛克公猪予以配种;约克夏类杂种一代母猪只能选用长白猪或杜洛克猪予以配种;杜洛克猪杂种一代母猪只能选择长白猪或约克夏公猪予以配种。这样配种所生的后代才是真正的三元杂交猪,才具有生长快、瘦肉多、饲料报酬高的杂交优势。如果不按此原则配种,后代猪会出现芦毛花、拱背背、大脑壳等杂种二、三代猪。这类猪生长慢、饲料报酬低、形体不受看,销售困难、价格低下,经济效益差。杂种一代母猪首次发情时间,一般比本地母猪推迟1~2个月。发情症状不明显,而发情排卵时间比本地母猪也要迟8~20小时。因此,对喂养时间已达6个月,或体重65千克以上的杂种母猪,要注意观察,特别对那些突然食量减少,又查不出病因的杂种母猪应怀疑是否发情。对个体成熟但还未发情或发情不明显的杂种母猪,可通过公猪诱情或注射雌酚类药物等办法,促使其早发情或发情症状明显化。

对初次发情母猪,不宜立即配种,应在第二次发情前3~4天用公猪诱情或注射催情剂,促进排卵。在发情后期,采用间隔6~8小时重复输配法配种,这样,便可做到适时配种,多产仔。一般杂种母猪第一、二胎产仔数均不多,但到第三胎后,每胎产仔均在12头以上。

(二)国外部分良种猪简介

一般从国外引进的种猪,都作为父本。应该选择生长速度快、饲料利用率高、胴体品质好的与杂交要求类型相同的品种或品系作为父本。具有这些特性的一般都是经过高度培育的品种,如长白猪、大白猪、杜洛克等。这些品种性状遗传力较高,种公猪的优良特性容易遗传给杂交后代。

1. 长白猪

产于丹麦,系从引进大约克与本地猪杂交育成,是优良的腌用型品种。其特征是毛色全白,头狭长、面直,耳大向前倾,背部平直,身躯特长,后腿肌肉发达,产仔数高,泌乳力强,增重速度快,同时具有较高的产肉性能,四肢健壮有力。成年公猪 400~500 千克,母猪 300 千克左右,产仔 10~12 头。仔猪初生重 1.4 千克,60 日龄断奶后重 18 千克。

2. 杜洛克

产于美国,19 世纪 60 年代在美国东北部培育而成。它的主要亲本是纽约州的杜洛克和新泽西州的泽西红,所以原称杜洛克泽西,近来简称杜洛克。它是目前美国分布最广的瘦肉型猪种。其背毛棕红色,耳中等大小略向前倾,性情温和,母性好,较早熟和生长快,瘦肉率高、增重快,配种能力强。体型外貌上主要表现在背腰平直宽阔,呈双肌背,腹线平直或吊腹,后臀特别丰满,肌肉发达,四肢健壮有力,公猪性欲旺盛。成年公猪体重 340~450 千克,母猪 300~390 千克,产仔数 4~17 头,平均 10.9 头。

3. 大白猪(约克夏)

约克夏猪原产于英国约克郡及其邻近地区。原来的本地猪体大而粗糙,其后引进入我国与华南猪杂交,1852 年正式确定为新品种,命名为约克夏猪。大约克夏猪(又称大白猪)是腌肉型的代表品种。体大,毛色全白,头长额宽,稍凹,耳直立,体躯长,后躯良好。产仔数高,泌乳力强,增重快,母猪发情准时。后臀丰满,四肢健壮灵活。6 月龄体重可达 90 千克,成年猪体重 350～380 千克,产仔数 10～11 头。

值得注意的是,种猪从国外引进几年就会自然退化,这是国际难题,所以现在县乡以下的外国种公猪大部分是退化了的,因此杂种优势不十分明显。有远见的养殖户仍直接从省市种猪场引进遗传性能稳定的种公猪。有条件的养殖大户可根据遗传学原理,进行系统的群体继代选育工作(每年为一个世代)。要从选择的种猪群中挑出各个不同血统体型外貌好的公母猪作为基础群,用闭锁选育的方法 70 日龄进入测定群,自由采食,计量不限量,达到 90 千克时测定结束,计算饲料报酬日增重。还要进行胴体测定,测出瘦肉率、眼肌面积、体长、体斜长等项目。让所培的种猪群体整齐、生长发育快、饲料报酬高,胴体品质好,瘦肉率高。

(三)公猪的挑选

农家俗话说:“母猪好,好一窝;公猪好,好一坡。”说明公猪品种的好坏,对养猪效益影响很大。公猪前宽后躯壮,身材一定要魁梧、精力充沛、眼光有神、行动有力、四肢粗、生殖器官发育好,不选单睾隐睾猪。

挑选种公猪,应按下列标准挑选:头大而宽,额宽鼻短,额无皱纹,嘴短宽而直或稍上翘,眼大有神,耳大小适中并薄而透明;颈短而粗,颈肩结合好;要求肩胛平整,胸部宽而深,背平直,身腰长,肩后无凹陷。

中躯要求肩胛平直而长,肋拱圆,体侧深,腹部大而不下垂,乳头应在 7 对以上,且分布均匀。

后躯发育程度与前躯相称,臀部宽平而长,尾根粗,尾尖卷曲,尾巴摇摆自如不下垂。睾丸大而明显,左右对称,阴囊紧缩而不下坠(切忌独睾及隐睾)。

四肢健壮有力,粗短适度,骨骼结实,姿式端正(切忌卧系,即爬蹄),蹄要结实,特别后肢更应强壮有力(若后肢无力,往往不能顺利配种)。

全身被毛光亮、稀疏、短细并紧贴身躯,皮肤薄而有弹性。

1. 公猪的生理和生活特点

种公猪同其它牲畜有许多不同的特点,了解这些特点,才能采取正确的饲养管理方法,从而获得体健壮、繁殖力高的种用公猪。

(1)射精量大、消耗养分多。据有关材料统计,公猪的射精量平均每次为 225.7 毫升,在各种家畜中射精量最多,一般每次可达 200～500 毫升,最高可达 900 毫升。在正常的情况下,健壮的北京黑公猪的一次射精量为 150～450 毫升;健壮的前苏联大白猪的一次射精量为 500～600 毫升,甚至高的能达 1000 毫升。猪精液中含有蛋白质、脂肪等各种营养物质。这就要求在饲料中给予及时补充。

(2)射精量的多少,受外界条件的影响较大。公猪每次射精量的多少,不仅因猪的品种、年龄、个体的不同而不同,同时受交配频率和饲养管理条件的影响也大。如果日粮中钙和磷以及盐不足,公猪常常出现精子死亡现象;如果日粮中缺少维生素A、维生素B、维生素D或维生素E,会使公猪睾丸功能失调,射精量减少,精子活力较差或者不活动;如果喂发酵饲料,其中的酒精会刺激公猪的性欲而增强射精量;如果让公猪适当运动,既可以增强体质和增加射精量,又能够提高精液品质。据测验,公猪饮用水的温度低于12℃时,不仅其交配能力下降,而且射精量减少。据观察,曾在配种时受过鞭打的种公猪,如果鞭打者站在旁边,公猪往往处于紧张状态而影响交配,使射精量减少。从交配或采精频率来看,如果一天交配(或人工采精)3次,则一次比一次射精量少,而且发育不正常的精子比例增高。

(3)交配时间长,体力消耗大。一般家畜每次交配时间几秒钟至几分钟,猪的平均交配时间约10分钟,长的可达几十分钟,而且公猪有连续配种的能力。公猪的交配时间长,射精量多,体力消耗大,因而要求公猪后肢坚实有力,腹部不能下垂。饲养公猪的饲料要少而精,营养要丰富而完全。

(4)性欲强,淫而好斗。公猪到性成熟后,只要嗅到母猪气味就焦躁不安,不好好吃食,甚至跳圈,有时因此摔伤、致残。一旦与母猪交配,就难分难离,不得到满足绝不罢休。性交高潮时,如果强行把公猪与母猪分开,公猪常常会反抗,甚至咬人。如果群养公猪,会互相爬跨,容易损伤龟头,还会造成自淫。分养的公猪,如果彼此不经常见面,偶尔相遇就会发生决斗,轻则致伤,重则致死。

(5)老年公猪易肥,青年公猪易瘦。老年公猪配种次数日趋减少,活动也减少,因而极易肥胖。青年公猪性活动强烈,往往因交配过度而引起食欲减退,进而消瘦。这两种情况都会使公猪性欲降低,致使配种能力和精液品质下降。为防止这种现象的发生,对老年公猪要适当控制饲料中能量饲料的含量,增加运动量,并合理参加配种;对青年公猪要控制使用次数,满足其对蛋白质、维生素的需求量,对必需的微量元素也要适时适量控制。

2. 公猪的科学饲养

对公猪的饲养管理,应抓住三个关键:合理饲喂,满足营养需求;加强运动,减少刺激;科学利用,适当掌握配种负担。

(1)满足公猪的营养要求。饲养种公猪,要按照猪的体重、年龄、品种特点、配种忙闲程度的不同,满足其营养需要,并且要实行定时喂养。

目前我国的三元杂交,都是选用外国猪作为公猪。满足国外种猪的营养需要,主要是参照国外猪的饲养标准来喂猪。

表 1-1 美国青年公猪和成年公猪②营养需要量①(NRC)

(每千克日粮的百分率或含量)

营养成分	数 量	营养成分	数 量
消化能	3400 大卡	蛋+胱氨酸	0.23%
代谢能	3200 大卡	苯丙+酪氨酸	0.52%
粗蛋白③	12%	苏氨酸	0.34%
必需氨基酸:		色氨酸⑥	0.09%
组氨酸	0.37%	缬氨酸	0.46%
异亮氨酸	0.42%	矿物质:	
亮氨酸	0.43%	钙	0.75%
赖氨酸	0.15%	磷⑦	0.60%

续表

营养成分	数 量	营养成分	数 量
钠	0.15%	维生素 D	200 国际单位
氯	0.25%	维生素 E	10 国际单位
钾	0.20%	维生素 K(2-甲基萘醌)	2 毫克
镁	0.04%	硫胺酸	1 毫克
铁	80 毫克	维生素 B_6	1 毫克
锌	50 毫克	叶酸	0.6 毫克
铜	5 毫克	生物素⑨	0.1 毫克
碘	0.14 毫克	核黄素	3 毫克
硒	0.15 毫克	尼克酸⑧	10 毫克
维生素:		泛酸	12 毫克
维生素 A	4000 国际单位	维生素 B_{12}	15 毫克
β-胡萝卜素	16 毫克	胆碱	1250 毫克

注:上表摘自《猪的营养需求量》(美国 NRC 第八次修改版,1979)卢德勋译.
NRC 为美国国家研究会议的缩写。

① 表中所列需要量表示饲喂使用添加剂的谷物——豆饼日粮时获得理想的生产性能所需要的每一种营养素的估测水平。表中各营养素的浓度以每单位的风干基础日粮(即含 90% 干物质)计。

② 达到配种年龄的公猪需要量未被确定出来,可认为其需要量与青年公猪和成年公猪不会有明显差异。

③ 系给饲料使用添加剂的谷物——豆饼日粮时满足其必需氨基酸所必需的蛋白质概算水平,氨基酸的真消化率假定是 90%。

④ 蛋氨酸能满足全部需要量,胱氨酸至少能满足全部需要量的 50%。

⑤ 苯丙氨酸能满足全部需要量,酪氨酸至少能满足全部需要量的 50%。

⑥ 假定玉米可利用的色氨酸含量不超过 0.5%。

⑦ 磷的需要量,至少应有 30% 以无机磷或动物来源的磷来满足。

⑧ 假定谷类籽实及其副产物中所含的尼克酸都是猪不能利用的结合型,这些饲料所提供的尼克酸未包括在表中所列的数值内。若色氨酸的数量超过蛋白质合成所需的数量时,它能转化为尼克酸(每 50 克色氨酸可产生 1 毫克尼克酸)。

⑨ 这个水平是建议值,其需求量尚未确定出来。

表 1-2　美国的青年公猪和成年公猪每日的营养需要量[1] (NRC)

营养成分	数　量	营养成分	数　量
风干食料进食量	1800[2]克	维生素 B_6	1.8 毫克
消化能	5120 大卡	胆碱	2250 毫克
代谢能	5760 大卡	硫氨素	1.8 毫克
粗蛋白	216 克	维生素(2-甲基萘醌)	3.6 毫克
必需氨基酸:		核黄素	5.4 毫克
组氨酸	2.7 克	尼克酸[7]	18 毫克
异亮氨酸	6.7 克	泛酸	21.6 毫克
亮氨酸	7.6 克	生物素[7]	0.18 毫克
赖氨酸	7.7 克	维生素 B_{12}	27 微克
蛋 + 胱氨酸[3]	4.1 克	叶酸[7]	1.08 毫克
苯丙 + 酪氨酸[4]	9.4 克	矿物质元素:	
苏氨酸	6.1 克	钙	13.5 克
色氨酸[5]	1.6 克	钠	2.7%
缬氨酸	8.3 克	氯	4.5%
维生素:		钾	3.6 克
维生素 A	7200 国际单位	锰	18 毫克
β-胡萝卜素	28.8 毫克	碘	0.25 毫克
维生素 D	360 国际单位	磷[6]	10.8 毫克
维生素 E	18 国际单位	镁	0.7 毫克

续表

营养成分	数　量	营养成分	数　量
铁	144 毫克	锌	90 毫克
铜	9 毫克	硒	0.27 毫克

注:上表摘自《猪的营养需要量》(美国 NRC 第八次修改版,1979).卢德勋译。

① 表中所列的需要量,系表示饲喂使用添加剂的谷物——豆饼日粮获得理想的生产性能所需要的每一种营养素的估测水平。表中各种营养素的浓度以每单位风干基础(即含有 90%的干物质)计。

② 在配种期多加 25%。

③ 蛋氨酸能保证满足全部需要量,胱氨酸至少能满足全部需要量的 50%。

④ 苯丙氨酸能保证满足全部需要量,酪氨酸至少能满足全部需要量的 50%。

⑤ 假定玉米可利用的色氨酸含量不超过 0.05%。

⑥ 所需的磷,至少可有 30%应当以无机磷或动物来源的磷来满足。

⑦ 假定谷类籽实及其副产物中的尼克酸都是猪不能利用的结合型的,这些饲料所提供的尼克酸均未包括在表中所列的数值内。若色氨酸量超过蛋白合成所需要的量时,它能转化为烟酸(每 50 毫克色氨酸可产生 1 毫克烟酸)。

⑧ 这个水平是建议值,其需要量未确定出来。

按照饲养标准喂猪,是维持种公猪生命活动,产生足够精子和保持旺盛配种能力的物质基础,公猪的营养需要是根据多年大量的饲养试验而测定出来的。按照饲养标准搭配公猪的日粮,一般能满足公猪生长发育的需要,保持良好的体况,获得最佳的配种效果。蛋白质是种公猪生长、发育和繁殖的主要营养物质。如果日粮中缺乏蛋白质,公猪体内的细胞原生质不易生成精子和精液,其结果是精液量减少,精子活力减弱,甚至不能生成精液。蛋白质是由氨基酸组成的。因此,一些先进的国家,在规定公猪的饲养标准时,不但规定了蛋白质的含量,还规定了各种氨基酸的供给量。氨基酸对生命的作用很大,如果日粮中缺乏色氨酸,则公猪的睾丸易萎缩,还会发生死精症和秃毛症,并妨碍公猪对维生素 B_2 的利用。异亮氨酸和苏氨酸缺乏时,会出现食欲不振,即使给予其他营养物质含量高的饲料,也不能充分利用。公猪在配种频繁时,这两种氨基酸最容易缺乏。所以种公猪的饲料营养要全面,尤其在配种期,要以精料为主。在饲料中可消化蛋白质不低于18%,有条件的可喂5%咸鱼或虾等动物性饲料。精料的用料要多一些,青料和粗料喂量要适中,使日粮容积不过大,防止公猪腹大下垂,而影响公猪爬跨配种。冬季和早春若缺乏青料,可喂大麦芽或胡萝卜,以补充维生素。

混合料中除富含蛋白质外,应有充足的钙、磷和维生素A、维生素D、维生素E。如钙、磷不足或缺乏时,会使精液品质显著下降,出现死的、发育不全的或活力不强的精子。在注意钙、磷供给量的同时,还要注意其合理比例,一般钙、磷的比例应为1.5∶1,即喂15克钙、10克磷、10克食盐。维生素A、维生素D、维生素E对精液品质也有很大影响,如缺乏时,公猪的性反射减低;如果长期缺乏,会使睾丸肿胀或干枯萎缩,丧失繁殖能力。缺乏维生素D时,会影响机体对钙、磷的利用,间接影响精液品质。维生素A、E必须从饲料中获得。维生素D在饲料中虽然含量少,但只要每天晒1~2小时的日光,体内可以利用胆固醇转化成维生素D,就能满足对维生素D的需要。为此,种公猪饲料应搭配一定数量豆类、饼类、骨粉等饲料,每天不应缺青饲料,精饲料与青饲料的比例,在休息期间按1∶3,配种期按1∶2,必要时,每天加喂一个鸡蛋。

在饲养方法上,种公猪一天应喂3次饲料,休闲期日喂料不低于1.5千克,配种期不低于2千克。

根据我国农村特点,下面介绍两个不同配方,供养殖时参考。

表 1-3 种公猪日粮配方(非配种期)

饲料名称	配比(%)	营养水平(每千克)
玉米	40.0	干物质 65.00%
豆饼	13.0	消化能 2.15 兆卡
麦麸	10.0	可消化粗蛋白 81.00 克
红薯藤	7.0	粗蛋白 10.60%
南瓜	28.0	粗纤维 12.90%
骨粉	1.5	钙 11.40 克
盐	0.5	磷 3.40 克
合计	100	盐 5.00 克

表 1-4 种公猪日粮配方(配种期)

饲料名称	配比(%)	营养水平(每千克)
玉米	28.0	干物质 54.56%
豆饼	10.0	消化能 2.14 兆卡
花生麸	12.0	可消化粗蛋白 68.10 克
咸鱼粉	5.0	粗蛋白 9.60 克
虾粉	6.0	粗纤维 3.70%
红薯藤	20.0	钙 8. 30 克
麦麸	10.0	磷 3 . 20 克
米糠	7.0	
骨粉	1.3	
食盐	0.7	
合计	100	

这两个配方经实践应用效果是比较好的,公猪在配种期性欲旺盛,每日采精一次,射量都在150毫升以上,精子密度和活力都很好。但是在应用中还要注意观察猪的食欲和体况,发现公猪过肥时,要适当减少日粮供给量;过瘦要增加一些精料;对食欲欠佳的公猪要适当给些助消化剂;对爱挑食、食量较少的公猪,可以适当减少一些粗料,增加一点精料,并适当增加维生素添加剂和氨基酸。

种公猪目前都是从外国引进,各地可根据当地常用的饲料,按照饲养标准来配合公猪的日粮。精料用量多一些,青料和粗料喂量适中,使日粮容积不过大,防止腹部下垂。精料中的蛋白质饲料尽可能多种搭配,最好添加动物性饲料蛋白质。

(2)公猪的合理管理和使用。对种公猪的合理管理也是保持公猪体质健壮、提高配种能力的重要措施。除注意圈舍清洁、干净、阳光充足,创造良好的生活条件外,还应做好以下几项工作。

① 加强运动。加强公猪的运动锻炼,可促进其体内血液循环,增强体质,促进食欲,使之精神好、精力充沛、活泼、性欲旺盛,并能提高其精液品质。如果运动量不足或不运动,就会使种公猪食欲下降,对新陈代谢不利,久之猪体还会发胖,腹围增大,四肢乏力,性欲减退,精液品质下降。运动方法是自由运动和驱赶运动都可以,但应在早晚进行(冬天中午),一般是先慢后快、再慢,每次2小时左右(2～4公里),尽量让其逍遥自在,严禁殴打。

②刷拭猪体。刷拭猪体可使猪的皮肤清洁和表皮血管扩张,从而增加血液循环。刷拭能使猪体舒适、肌肉放松,排除

肌酸,并能通过刷拭使公猪性格变得温顺,便于管理和配种及人工采精等 。刷拭一般在舍外运动时进行,万一有寄生虫等均在舍外刷拭时消除干净,刷拭应是每天进行一次,特别要注意头部的梳刮。

③单圈饲养。公猪一般在3~4月龄时开始有性冲动,此时如不及时分开饲养,小公猪就会互相爬跨而妨碍休息、降低食欲。单圈饲养,杜绝了互相爬跨和养成自淫的恶习,相互爬跨,有时甚至会将生殖器磨破出血,久之会失去利用价值。种公猪勿与母猪同舍、同圈饲养,以免母猪发情期的鸣叫声使公猪烦躁不安,影响公猪的食欲和休息。

④注意初配月龄。初次交配应结合年龄和体重综合考虑,长白公猪一般在10~12个月,体重100千克左右初次交配。

⑤合理采精。除边远地区外,都要推行人工授精。2岁以前的青年公猪,每周采精量不应超过3次;2~5岁的壮年公猪,每天采精1~2次,连继采精3天后,应休息1天;5岁以后的老年公猪,可隔天采精一次。一头种公猪,一般可采精4~6年。

⑥定期检查精液品质。公猪养殖户,每半个月应检查一次公猪的精液,根据其射精量和精子的状况,来调整营养水平。调整方法:每个月给公猪称重一次,如发现公猪体重增加,多是过肥的表现,应减少碳水化合物的给量,增加其运动量。成年公猪要保持中等以上的营养体况,体重应相对稳定。青年公猪应按计划适当增重,如果青年公猪发生增重过快或过慢等不正常现象,都应检查其营养的供应情况、使用频度和

供应状况，并对其原因采取相应措施，使之逐步趋于正常。

⑦防止公猪咬架。为了防止公猪咬架，应从小就把公猪放在一起运动，合群习惯了就不会咬架。公猪咬架是经常的事，圈门不牢，公猪跑出便会相斗，如果配种时同时放出两头公猪，也会招到公猪咬斗；母猪发情后逃到公猪圈舍外挑逗，也会引起公猪破门而出；若两头公猪相遇，也会互斗。公猪咬架往往致伤很严重，使其不能参加配种；即使伤势不重，也会影响健康而使精液品质和数量降低。发现咬架现象，饲养员拉架时，不能用鞭子、棍棒抽打公猪，无论打头或打尾，都打不开，往往一棒子下去打到公猪身上，它就会把"仇恨"记到饲养员头上，将会更加凶狠地用伸出獠牙的嘴巴拼命向饲养员肩颈咬去。如发生以上几种情况，应该迅速用一块木板向中间压下去，把两头公猪的头部分开，用木板挡住一头，迅速赶走另一头。也可以迅速放出发情母猪，将公猪引开；有可能时，打开水龙头用水猛冲公猪眼部，使两头公猪分开。对公猪受伤的部位要迅速涂上碘酒，圈舍保持干燥卫生，防止细菌感染伤口。

⑧防止蚊虫叮咬公猪睾丸。夏季蚊虫很多，睾丸皮薄，易被蚊虫咬出血，每到夏季，除做好圈舍环境卫生外，在圈舍四周摆上数盆驱蚊草或在公猪圈舍上方挂上沾有柴油的苦楝树叶，并经常向公猪阴囊部涂上木焦油，以防蚊虫叮咬睾丸。蚊虫叮咬睾囊，不仅会妨碍公猪休息和睡眠，还能引起睾丸肿胀发炎，严重时会使公猪发烧，影响配种。

⑨建立公猪圈头卡片。为了掌握公猪的基本情况，在每头公猪圈旁显著的地方钉一块卡片，卡片内容包括品种名称、

种猪来源、出生年月日、猪的特征、体重、体长等。

二、地方猪种的选育

目前,我国三元杂交都是实行一土一洋获得二元杂以后,再以一洋与二元杂母猪进行杂交的,所以,精选优秀的地方母种是极其重要的。

地方猪种的选育,主要目的是提供杂交利用的母本。我国劳动人民在长期的生产实践中,对母猪体质、外貌和生产性能的相关性,积累了不少丰富的经验,如仔猪的发育好坏与母猪骨盆宽阔发达有关,肉猪长肉多少与背宽体长有关,母猪的乳汁多少与乳头数、排列位置及乳腺的发育有关等。农家挑选白猪有八句话:"头上白点往上朝,嘴短嘴平好喂养。耳朵大块鼻窿大,面皱纹深寿命长。尾离便门远好担,四肢要挑草鞋脚。奶单数品字形,单脊腰硬好带儿。"母猪有白点的,猪花一般卖得好价钱。如果母猪挑选中黄猄脚马蹄脚的,则爱跑不多睡。脊梁单的母猪,一是好翻身,二是喂仔侧睡奶朝上,三是腰硬奶不拖地。总之,母猪的体质、外貌和它的生产性能是密切关联的,我们在选留母猪时在体形、外貌方面,应注意如下几个问题。

(一)母猪的挑选

(1)头部:大小要适中,与体躯相称。额宽、嘴筒长短适中、稍凹,符合品种特征。上下颌吻合良好。耳壳较薄而根部稍硬,大小适中。地方品种身下垂与嘴齐,眼明亮有神,反应敏锐。

(2)颈部:长度中等,肌肉丰满,与头肩胛衔接良好。

(3)肩和胸:肩胛要宽而平,肩不宜过于肥厚,两肩中间无凹陷,与肩和背的衔接良好而丰满。胸部宽大且要深,肋骨长而宽阔,有一定的弯曲度。

(4)背和腰:背部要宽平,长而丰满,与肩和腰衔接要好,成年母猪有微凹。腰长度适中,宽而平,丰满结实。

(5)腹部:体积要大而结实有弹性,腰椎下方臁部三角区要充实而不下陷,腹部要圆,肚皮要像纺锤形,不可下垂拖地。

乳头以选 12 个以上为最好。乳头要小,排列要整齐成品字形,乳间的距离要均匀,不要有瞎乳,两排乳头间距离稍宽,发育良好,乳腺要发达。

(6)臀部:臀部要发达,长而宽平或微倾斜,臀部及大腿肌肉丰满厚实,皮肤无皱褶。

(7)四肢:四肢要强健,前后肢要垂直而结实、开阔,重心正,长短适中,两前肢腕部或后肢飞节不向内弯曲呈 X 形,后肢站立时不向前伸向腹下而重心后移。管部结实而不臃肿,系部短壮有力,稍向前倾斜,不能太倾斜或卧系。蹄部左右两侧对称,蹄壳坚实光滑,无裂纹或破伤。行走时步态稳健自然,不左右摇摆。

(8)尾部:根部粗壮,后端逐渐变细,长短适中。母猪的阴户离尾部越远越容易配种。摆动自如,不下垂无力。

(9)其他:身材大小要适中,体格要求健康,无缺陷,生殖器官健全,体躯长大。皮肤细微有弹性,毛较稀短有光泽,不能过长过密或粗乱卷曲,白猪皮肤应红润。母猪的性情要温顺,精神活泼,不迟钝或过敏。怠情以及不喜欢哺乳的母猪,或有贪食小猪的母猪,不能选作种用。

(二)母猪生产性能的鉴定

1. 繁殖力

(1)产仔数:母猪的产仔数通常是指一胎所产的全部仔猪头数,包括死胎、死产仔猪(产后不久死亡的)及畸形胎儿。也有按产后成活仔猪数计算的,称为产活仔数。又分为初产头数和经产平均头数。除产仔数外,还要考虑母猪平均每年的产仔胎数。在较好的饲养管理下,每头经产母猪每年可产仔2胎。如仔猪提前断奶或母猪在哺乳期配种,则母猪年产仔可达2胎以上。

(2)仔猪初生重:在仔猪出生后未开始吃奶前的全窝体重为初生窝重,平均每头的体重为初生均头重。一般地方猪种的仔猪初生体重较外来种和杂交种低。仔猪发育应大小均匀,最大头重和最小头重的差别愈小,就是整齐度愈高,一般存活率也就较高。

(3)断奶存活数:母性好的母猪,仔猪的断奶存活数一般较高。断奶存活数占产活仔数(有寄奶时则为哺乳头数)的比例称为育成率。

2. 泌乳力

是指母猪的泌乳能力。在哺乳前期,仔猪的生长主要依靠母乳,泌乳强的母猪,其仔猪体重就高,因此,泌乳力是评定母猪生产性能的一个重要方面。在生产实践中,通常是以30日龄全窝仔猪的体重来表示的。

对母猪实际泌乳量的推算方法是：

①(30日龄仔猪窝重－初生仔猪窝重)×3＝第一个月泌乳量(仔猪在出生后一个月内每增重1千克大约需要母乳3千克)

②第一个月泌乳量 × 60% ~70% ＝ 第二个月泌乳量

③第一个月泌乳量 ＋ 第二个月泌乳量 ＝ 哺乳全期泌乳量

母猪泌乳量多，仔猪断奶头重、窝重就较高。但如产仔数少，则虽然有较高的头重，也不可能获得较高的断奶窝重。因此，在实际工作中，也常以仔猪断奶的窝重来综合评定母猪的产仔和泌乳性能。

3. 生长发育鉴定

包括体重和体尺。称重应在早晨空腹时进行，后备种猪每2个月称重一次。体尺应在站立姿势正确时测量；体高是鬐甲最高处到地面的垂直距离；胸深是鬐甲到胸部下端的垂直距离；体长是两耳根联线中点沿背线至尾根的距离；胸围是肩胛骨后方胸部的周长。在同样饲养管理和年龄等条件下，应挑选体重、体长和胸围发育好的种猪，或能达到选育品种发育标准的种猪。

(三)母猪群的更新

1. 母猪的繁殖年限

母猪繁殖利用年限的长短，受品种、个体和人为的各种因素如营养水平、饲养管理、产仔密度等的直接影响。一般地说，我国地方良种母猪比外来品种及杂交母猪的繁殖年限长，营养水平高的比营养水平差的繁殖年限长。母猪的繁殖利用年限一般在 5～6 年(繁殖 8～10 胎),如饲料标准较高,饲养管理又好,还可适当延长利用 1～2 年。因此,必须加强对母猪的营养管理,延长母猪的繁殖年限,最大限度地发挥其生产能力。

2. 母猪的更新周转

母猪比其他母畜衰老早,繁殖年限也比其他母畜短。一般从第二、三胎到第七、八胎繁殖力强,产仔多,仔猪生长发育也好。为了使繁殖群保持较高的生产水平,必须做好后备母猪的选留补充和老年母猪的及时淘汰更新工作。一般每年应更新五分之一,使母猪群的年龄保持在繁殖力旺盛的青、壮年时期。但后备母猪在培育过程中往往会因生长发育不良或疾病等原因而遭淘汰,因此,实际选留的后备母猪数应比需要更新数适当增加。

第二章　种猪的配种技术

配种工作是母猪繁殖的一个重要生产环节，是实现多胎高产的第一关。搞好配种工作，除了要提高公猪精液品质外，还要促使母猪正常发情和多排活力强的卵子。因此，必须合理确定后备母猪初配适期，科学地饲养好配种前的母猪和采用先进的配种方法。

一、后备母猪适宜的配种年龄

小母猪性成熟月龄与品种、气候和饲养条件有关。我国地方品种的后备母猪一般3～4月龄开始发情，培育品种和杂种母猪5～6月龄开始发情。但此时的后备母猪还不能承担正常生殖和育仔的重任，因为还没有达到体成熟。实践证明，母猪交配时的体重，对仔猪成活率和断奶窝重影响较大。在正常的饲养管理条件下，我国地方猪种的适宜初配年龄一般为6～8月龄，体重50～60千克；培育品种和杂交猪的初配年龄为8～9月龄，体重达70～80千克，占成年母猪体重的40%～50%。现在国外大部分要求8月龄配种，也就是在第三个发情期配种。因气候的差异，北方配种要推迟些，本地母猪为7.5～8.5月龄，体重70～80千克；培育品种和杂种后备母猪为8.5~9.5月龄,体重约100千克。南方早熟品种比北方早一些。

二、促进母猪正常发育和排卵的方法

母猪的繁殖潜力很大。在一般情况下,成年母猪在一个发情期内可排卵20~30个(潜在繁殖力),但实际产仔数仅10头左右(实际繁殖力),有30%~40%的卵子中途死亡,可见实际繁殖力和潜在繁殖力之间差距很大。因此,加强母猪配种前的饲养管理,可以提高母猪产生卵子的数量和质量,达到多胎高产的目的。

母猪从仔猪断乳到妊娠这段时间,称为配种准备期(或称为空怀期)。这个时期我们采取加强母猪营养的方法,可为多胎、高产奠定基础。因为母猪经过45~60天的哺乳期,体内营养物质消耗太多,体重轻了25%~30%,致使躯体有不同程度的消瘦,有的消瘦较为严重,如不及时复膘,将会出现不发情和排卵少,甚至生成空怀现象。因此,对那些久不发情的、屡配不孕的母猪,必须采取人工措施,促使它正常发情排卵,及时配种。在生产实践中,通常采取如下方法:

1. 催情补饲法

在母猪配种前10~14天,给母猪喂比平时多2倍量的饲料(高能量饲料)。如添加一些脂肪、动物血,增加母猪能量的摄入量。这样可促使母猪多排2个卵,多产1头以上的仔猪,尤其是对于平常饲喂条件差,营养不良的母猪,效果更为显著。

2. 添加维生素法

母猪产仔后，每天肌注维生素 B_1 加 B_{12} 各 3 支，每日 2 次，连续 3～5 天。这样仔猪生后 54 天，母猪就发情；等仔猪断奶后，在母猪日粮中添加 β-胡萝卜素 400 毫克和维生素 E 200 毫克，喂至发情为止，然后把上面两种维生素剂量减半，继续喂到配种后 20 天为止，每窝仔猪数可增加 2 头以上。在正常的情况下，日粮的组成，可以供给大量的青饲料和多汁饲料，因为这类饲料含有丰富的蛋白质、维生素和矿物质，对排卵数量和受精都有很大影响。每天每头猪喂 5～10 千克青饲料或 4～5 千克多汁饲料，并搭配一定的精饲料，以保持母猪的繁殖体况。

3. 减轻母猪体重

母猪过肥，会引起繁殖障碍，对发情排卵、受胎产仔都有影响。为了使母猪减肥，一般采取限制饲喂方法。美国有一种化学减肥法，效果比限制饲喂法更好。其方法是在母猪日粮中，按比例加入 3%～4% 的氯化钙，连喂几天；或加入同样比例的磷酸钠，连喂几天，无论是对经产母猪或后备母猪，都有减肥作用。在母猪日粮中加入这两种化学物质后，既不影响母猪受胎率，也不干扰母猪怀孕的正常进行。

4. 仔猪提前断奶

为减轻母猪的负担，实行早期短奶，母猪可提前发情配种。

5. 仔猪并窝和控制哺乳次数

如实行季节分娩，把产仔少的母猪，全部给其他母猪寄养，使这些母猪不再授乳，可以很快发情配种。控制仔猪哺乳时间,当仔猪哺乳时间达到28天以后,仔猪采食一些饲料时,开始控制哺乳次数,每隔4～6小时哺乳一次,这样处理6～9天,母猪便可发情配种。

6. 按摩乳房

每天早上喂食后,使母猪侧卧,用整个手掌由前向后,反复按摩表层10分钟,当母猪表现有发情征兆时,改为表面按摩与深层按摩各5分钟,在交配当天改为深层按摩10分钟。表面按摩引起发情,深层按摩引起排卵。

7. 公猪试情诱导

用试情公猪追赶不发情母猪,或把公猪关在母猪栏内10～15分钟,通过公猪对母猪的接触、爬跨等动作刺激神经系统,促使脑下垂体分泌促滤泡成熟素,从而使母猪卵巢内滤泡生长发育,发情排卵。这种办法简单易行,俗称"诱情"或"短情"。

8. 注射激素

在生产实践中常用绒毛膜促性腺激素、合成雌激素等进行催情。绒毛膜促性腺激素对母猪催情和促排卵效果很好,对体况良好的中型母猪(体重75～100千克),每次肌注1 000单位。合成雌激素,己烯雌酚、苯甲求偶二醇等,可使母猪发情,但常不能促进正常排卵。

脑下垂体前叶促性腺激素,可用于生长发育尚好,但久不发情或屡配不孕的母猪。肌肉注射5 000小白鼠单位,并注射2次,间隔4～6小时(可在预测的下一个发情周期前1～2天进行第一次注射)。

孕妇尿:取怀孕6个月以上身体健康的孕妇早上起床的

第一次尿液，用4层纱布过滤，每99.5毫升尿中，加入0.5毫升的石炭酸消毒后，便可使用。当天取的尿，当天用完，肌注量为15～20毫升，一般一次即可发情。若第一次注射后，3天不见发情，可在第4天进行第二次注射，用量比原来增加5%～10%。

若无注射器，可把孕妇第一次尿全部一次喂给母猪，连喂数天，也可发情。

9. 药物催情

对久不发情或屡配不孕的母猪也可采用中药催情。方法如下：

(1)肉苁蓉、何首乌、元参各9克，全当归15克，川芎、菟丝子各6克，益母草9克，王不留行、淫羊藿各6克，共研为末，拌在饲料中喂给，每5天服1次。

(2)全当归5克，杭白芍30克，川羌活15克，益母草120克，广木香150克，共研为末，混在饲料里喂给。

10. 药物冲洗

由子宫引起的、虽然发情而屡配不孕的母猪，可在发情前的1～2天，先用1%的食盐水(或0.1%的高锰酸钾或0.1%的雷弗奴尔溶液)冲洗子宫，接着再用1克金霉素(或四环素、土霉素)加蒸馏水100毫升注入子宫，以后隔1～3天冲洗一次。口服或注射磺胺类药物或抗生素，也可以收到良好效果。

11. 土法催情

方法：(1)韭菜蔸250克，切碎拌入饲料中，喂不发情母猪，喂后便可发情排卵。

(2)用糯谷在锅里炒成白花状为止，拌在饲料中喂不发情母猪,每次500克左右,一般喂一次便发情,连喂2次,效果更好。

(3)用红糖250~500克,放在锅里加热熬焦后,再加适量的水煮沸,然后拌入饲料中,喂给不发情的母猪,2~7天便发情,即可配种。

三、母猪发情排卵规律及适时配种

母猪性成熟后,卵巢中的卵泡周期性地成熟和排卵,并表现发情。两次发情排卵间隔21天,叫发情周期。每次发情持续3~5天。

一般地方良种母猪发情明显,而外国猪发情不太明显,有少数母猪成隐性发情,不注意时不易发觉。

(一)母猪发情特征

第一天,外阴部开始潮红,食欲减退。在栏内来回走动,行动不安,有时喊叫。第二天,喊叫得很历害,食欲大减,来回走动,行动更加不安,拱门,跳栏欲出,常爬跨其他猪背。阴部潮红肿胀,有光泽,流出透明黏液。第三天,食欲更减或全绝,阴部成淡红色,开始逐渐萎缩,时常频频排尿,并有黏稠的黏液排出,有时张耳静听,呆立不动,这时配种最适宜。

本地母猪发情的外部特征一般表现较为明显,发情鉴定并不困难。但有时候因饲养管理上的原因以及年龄、品种、毛色的差异,鉴定发情也会出现一些困难。例如许多母猪发情多在夜间。据有关资料报道,有77%的经产母猪和68%~

72%的后备母猪,出现发情的时间在深夜 0～3 时;黑毛母猪发情比白毛母猪发情难鉴别;外来品种母猪发情表现一般不如本地母猪明显,这些因素常常导致漏情和失配。

(二)判断母猪最佳配种期的简易方法

1. 记录鉴定法

母猪发情周期一般 21 天左右,如果每次发情配种都能认真登记,下次发情时间即可预测。这样,可在发情前后加强母猪的发情观察,避免天天观察,提高工作效率。

2. 观察母猪有无"静立反射"

这是鉴定母猪发情是否进入高潮的简便方法。"静立反射"就是母猪进入发情高潮后,如果有人进入猪栏,母猪便会将臀部向人紧靠,用手压其背部,母猪会静立不动。

3. 压背判断法

当用手按压发情母猪腰部,或摸阴户周围时,母猪表现安定,站立不动,以示接受爬跨时为配种适期。如用输精管插入阴道,母猪出现后肢分开、伸背展腰、略向后退,且有用力等快感时,表示为配种适期。

4. 观察判断法

农谚说:"食欲减少剩饲料,阴门肿胀常拉尿,乱跑圈圈呼呼叫,菱角紫红配时到。"意思是说母猪发情时,食欲减少,阴部呈紫红色或淡红色,黏液较多而浓,当黏稠度拉到 0.1 厘米时,上面常黏着垫草,母猪在静处站立,表现呆滞,或喜欢静伏,这时是配种的最佳时期。

5. 时间判断法

从母猪出现不安、减食、阴户潮红肿胀起，为表现开始发情。排卵时间是在发情开始后24～48小时，一般持续10～15小时，卵子在生殖道内能保持8～10小时的受精能力，所以配种应在发情后24～48小时内进行为宜。

6. 信息素判断法

公猪的尿、精液、阴囊和唾液中含有一种特殊的挥发物质，叫做信息素。处于休情期的母猪，拒绝公猪接近，只有母猪发情时，对公猪这种信息才变得十分敏感，对公猪的形象和求偶叫声具有强烈的条件反射。有的大型猪场将公猪的求偶声制成录音带，定时在母猪舍播放以观察母猪的发情反应；有的用已结扎输精管的公猪进行试情。发情母猪与公猪直接接触时，会发出典型的咕噜声，并呈现“静止反射”，接受公猪爬跨。不同品种的母猪发情期长短不一。发情期短的排卵早，发情期长的排卵晚。老母猪发情时间短，应早配，青年母猪发情时间长，应晚配，也就是常说的：“老配早，少配晚，不老不少配中间。”杂交母猪发情期3～4天，可以在发情后第二天下午配种。培育品种发情期2～3天，可以在发情当天上午配种。地方品种母猪发情期较长，可在发情后2～3天配种。

(三)配种方式和方法

1. 配种方式

(1)单次配种：在母猪发情期间只用一头公猪交配一次，这种配种方式在适时配种的情况下，可以获得较高的受胎率。好处是减轻公猪的负担，可少养公猪和提高公猪的利用率，但难于掌握合适的配种时间，有可能降低受胎率和减少产仔数。

(2)重复配种：在母猪发情期内，先后配种两次。一般在发情开始后24～30小时配种一次，然后隔8～12小时再用同一公猪配种第二次。这种配种方法较单次配种受胎率和产仔率都高。因为在母猪发情期内让输卵管中经常保持有活力的精子，可使卵巢中先后排出的卵子都能受精，增加受精机会。此外，这种方式可以掌握后代的血缘，已为育种场广泛使用。

(3)双重配种：在母猪的一个发情期内，用不同品种的两头公猪，先后间隔10～15分钟各配一次。该法的优点是：母猪产仔数多，仔猪大小均匀，生活力强。已为商品猪场广泛使用。

(4)多次配种：在母猪的一个发情期内，间隔一定时间，连续采用双重配种的方式配几次，或在母猪一个发情期内连续配3次或3次以上。第一次在发情开始后12小时；第二次在24小时；第三次在36小时。

2. 配种方法

(1)本交：可以分为两种情况。如果发情母猪和指定配种的公猪个体差异不大，交配没有困难时，可以把它们赶到配种场，让它们自由交配。如果公、母猪个体差异很大，就需要人工辅助交配。可以选择有斜坡的地势，公猪小、母猪大时，让公猪在高处；公猪大、母猪小时，让母猪站在高处。当公猪爬跨母猪后，把母猪的尾巴拉向一侧，使阴茎顺利插入阴道。

(2)人工授精：人工授精是用人工方法将公猪精液采出，经处理后输到母猪子宫颈内，使母猪受胎。

(四)配种要注意以下几个问题

(1)配种时间一般在采食前后2小时比较好,夏季炎热天气应在早晚凉爽时进行。

(2)配种场地应距公猪舍较远,地面平整。

(3)配种环境应该安静,不要喊叫或鞭打公猪。

(4)下雨或风雪天气应在室内交配。

(5)公猪每次交配可多次射精。为了减少公猪体力消耗,增加配种数量,公猪每次交配以射2次精为宜。

(6)交配后用手轻轻按压母猪腰部,防止母猪弓腰引起精液倒流。

(7)公猪交配后不要立即洗澡、喂冷水或在阴冷潮湿处躺卧,以免受冷得病。

第三章　妊娠母猪的饲养管理

母猪从妊娠到分娩,称母猪的妊娠期。全程历经 110～120 天,平均 114 天。母猪妊娠期间饲养管理的任务是:保证胎儿顺利发育,减少妊娠死亡,达到多产仔、产壮仔之目的。在日粮搭配上,要求饲喂全价日粮,控制好母猪膘情,不使过肥。

一、母猪早期怀孕的鉴别

及早而准确地判断母猪是否受孕,是提高母猪繁殖力的方法之一。因为正确鉴定后,就能对受孕母猪按其不同的阶段进行不同的饲养管理。对没有受孕的母猪则要加强饲养管理,以便及时配种受孕。一般可以采用以下两种方法来鉴别母猪是否受孕。

(一)前期鉴别

(1)一般母猪配种后 21 天左右,如不再发情,食欲旺盛,行动稳重,性情变得温顺,疲倦贪睡,皮毛逐渐有光泽,有增膘现象,表明已经妊娠。

(2)从母猪配种后阴户收缩情况进行检查。凡阴户收缩,阴户下联合向上方弯曲的,即为妊娠的症状。

(3)毛眼发亮。受胎母猪的毛色和眼睛发亮,在一般的饲养条件和调教好的情况下,没有逆毛和肮脏不堪的现象。

(4)性情温顺。母猪受胎后举动轻缓,性情变得温顺,喜卧睡和休息,走路和跨沟缓慢谨慎,步态蹒跚。

(5)注射激素法。在母猪配种后第16～18天,皮下注射1毫克乙芪粉,2～3天内观察反应。如果母猪有发情表现,说明没有怀孕。如果母猪没有发情,表明母猪已经怀孕,这种方法较为方便、准确。

(6)尿液检查。取母猪尿液10毫升左右放入试管,加入5～10毫升蒸馏水稀释尿液,并滴入醋3～5滴,然后再加5～10滴碘酒,置于小火上缓慢加热,直至沸腾。此时若尿呈红色,说明母猪已经怀孕;如呈浅黄或绿褐色,且冷却后颜色迅速消失,表明没有怀孕。

(二)后期鉴别

母猪受胎的后期鉴别,除参照前期的6种方法外,还可看到母猪食欲显著增加,特别是怀孕2个月以后,槽内不再剩食,母猪腹围显著增加大,常可触摸胎儿跳动。乳房开始膨胀,乳头变得粗壮,颜色变红。

二、胎儿的生长发育与营养需要

（一）胎儿生长发育的规律

母猪在妊娠期中，胎儿发育是有阶段性的。妊娠初期（15～20天）胎儿发育缓慢，营养物质需要不多，但应注意饲料的质量。因为母猪妊娠后，受精卵的发育完全依靠卵细胞本身的营养物质，随着受精卵沿输卵管向子宫角移动，此时已发育到囊胚期，滋养层细胞分泌溶酶，破坏子宫内膜，使胚胎埋植在子宫内膜里，开始与子宫内膜接触。胚胎在子宫内膜种植后，逐渐形成胎膜和胎盘，而胎盘是胚胎与母体联系的器官，它可以从母体获得营养物质，并且有保护胚胎的作用。当胎盘未形成前，胚胎很容易死亡，需要在营养管理方面给予特殊照顾。如果日粮中含有发霉、变质或有毒的物质，胚胎就会中毒死亡；如果日粮中营养不完全，或缺乏维生素，也会影响部分胚胎的发育，致使胚胎中途死亡。因此，在妊娠初期，给予优质的全价饲料，是保证胎儿正常发育的一个关键。

从胎儿发育来看，妊娠初期胚胎很小，绝对增重不高，愈接近妊娠末期（90～114天），胎儿增长越快（注意：掌握此规律，及时给母猪营养粉，以提高初生重），胎儿体重的60%左右是在这个时期增长的。因此，这一时期是保证胎儿发育的第二关键时期。

母猪怀孕后，生理上发生显著变化，一般增重20%～30%，对营养物质的需要，随着胎儿的生长发育逐渐增加。怀孕的第一个月末,胎儿的重量仅 1.70 克,长度 2.54 厘米;怀孕第二个月末,胎儿的重量为 93.55 克,长度为 11.43 厘米,占初生重 8%;怀孕第三个月末,胎儿重量为 680.40 克,长度为 22.09 厘米,占初生重 39%左右;怀孕最后 20 天,胎儿生长很快,胎儿重量达 1134.00 克,体长 24.13 厘米,占初生重 60%。因此,加强怀孕母猪分娩前一个月的饲养管理,是保证胎儿正常生长发育的至关重要环节。

(二)营养水平的控制

母猪妊娠期营养水平的控制总的要求是"低妊娠",即不要营养过高,防止母猪过肥。但也不要过低,造成母猪过瘦,以 8 成膘为宜。母猪过肥,胚胎死亡数增加,哺乳期食欲降低,泌乳力差,仔猪断奶体重小。肥胖母猪的窝产仔数比正常膘情的母猪减少 2～3 头,泌乳力降低 15%～30%,仔猪断奶重减少 10%～20%。母猪过瘦(7 成膘以下),仔猪初生重小,母猪泌乳量减少,仔猪育成率低。

我们知道,在妊娠期中母猪所取得的营养物质,首先是满足胎儿生长发育,然后再供给本身的需要,并为将来哺乳贮备部分营养物质,对于幼龄母猪,还需要一部分营养物质来供给自己的生长发育。正确的饲养方法是以配种 80 天为界,把母猪妊娠期分为前、后两期。前期低营养水平,后期为中营养水平。这是因为仔猪初生重的 60%是在后期生长的。

(三)全价日粮饲养

母猪发生营养性流产、死胎、弱胎和畸形等,除非特殊情况外,一般与能量和蛋白质供给水平关系不大,主要影响因素是维生素和矿物质。所以,妊娠母猪所需的营养物质,除供给足够的能量蛋白质外,维生素和矿物质是极其重要的。通常要求每千克混合料含消化能 2.7～3 兆卡,前期粗蛋白 12%,后期粗蛋白 14%。但要求在日粮中必须有足够的钙和磷,妊娠母猪钙的需要量占日粮的 0.75%(约 15 克)(见表 3-1)。

表 3-1　妊娠母猪的日粮配方

饲料	妊娠前期		妊娠后期	
	配方 1	配方 2	配方 1	配方 2
玉米(千克)	1	1	2	2
豆饼(千克)	0.15	0.15	0.25	0.25
糠麸(千克)	0.35	0.35	0.25	0.25
酒糟(千克)	1	—	0.5	—
青料(千克)	—	3	—	2
贝壳粉(克)	15	15	20	20
骨粉(克)	15	15	15	15
食盐(克)	10	10	15	15
多种维生素(克)	0.15	—	0.2	—
母猪添加剂(克)	0.5		0.7	

建议:150～200 千克的母猪妊娠全程平均每天喂给 1.5～1.8 千克混合料,前期给 1.3 千克左右,后期 2.5～3 千克左右。但实际喂量还要依母猪的体况而定,根据膘情适当增减。

(四)饲养方式

在以青饲为主的前提下,按照妊娠母猪的特点和胚胎发育的规律采取相应的饲养方式。

1. 抓两头带中间的饲养方式

这种方式适用于经产母猪。母猪经过分娩和一个泌乳期后,体力消耗很大。为了使它负担起下一阶段的繁殖任务,必须在妊娠初期加强营养,使它迅速恢复繁殖体况。这个时期一般为20~40天。这时除喂给较多优质青饲料外,还应增加精料,以后就多喂粗饲料,少喂精料,直到妊娠后期,再多喂精料,加强营养,形成一个"高—低—高"的营养水平。

2. 前粗后精的饲养方式

适用于配种前体况良好的经产母猪。因为妊娠前期胎儿很小,母猪本身的膘情亦很好,就不需要另外增加营养,一般可按配种前的饲料水平饲喂,到妊娠后期,适当增加精料的喂量,以满足胎儿生长的需要。

3. 逐步提高的饲养方式

适用于初产母猪或哺乳期配种的母猪。因为初产母猪本身正在生长发育阶段,哺乳期配种的母猪担负着泌乳和妊娠双重任务,需要的营养量便多,除保证胎儿正常发育所需的营养外,还应满足母猪本身生长发育和泌乳的需要。因此,在整个泌乳期的营养水平,是按照胎儿体重的增长而逐步提高,到妊娠后期达到高峰。

4. 末期增喂营养粉

上面三种喂法任取一种都可以,但无论采用哪一种方法,待母猪怀孕到第97天起,必须增喂母猪怀孕营养粉,在每天日粮中加喂(原来日喂的饲料数量不减,加喂就是每日增加量)营养粉125～150克,连喂14天,于分娩前2天停喂,可大大提高仔猪的初生重。

营养粉的配方是:秘鲁鱼粉50%,炒黄豆粉30%,炒菜籽饼12%,贝壳粉5%,松针粉3%,另加复合维生素B 600片,中药神曲600克,土霉素15克,母猪添加剂200克。每千克营养粉含有可消化粗蛋白质402克,消化能3 882千卡,钙35克,磷18克,粗纤维33克,赖氨酸3.4%,蛋氨酸1.4%,色氨酸0.96%。

(五)饲料技术要点

(1)日粮必须具有一定体积,使母猪不感觉饥饿,也不觉得容积过大压迫胎儿。因此,最好按100千克给2～2.2千克干物质的日粮。对于所给的日粮应有适当的轻泻性,防止便秘。因为便秘可以引起母猪流产。

(2)日粮应由青料、粗料、精料组成,保证含有所需的各种营养物质,并且要求饲料多样化,适口性好。从妊娠3个月起,对粗料与多汁饲料的喂量要适当限制,如喂量过多,会压迫胎儿,容易流产。

(3)禁喂发霉、变质、冰冻、带有毒性和强烈刺激性的饲料,以防母猪流产。

(4)妊娠母猪的混合料,通常调制成稠粥状,也可喂干粉料,每日3餐,供给足够的饮水。

第四章　接产与哺乳母猪的饲养

母猪分娩是养猪生产最繁忙、最细致、最重要的生产环节。主要任务是保证母猪安全分娩，初生仔猪成活率高。

一、分娩前的准备

母猪产仔前务必处理好产圈，备齐接产用具和养好临产母猪。

1. 产房的准备

养猪场最好为母猪设置产房。房内要求干燥、温暖、清洁、阳光充足和空气新鲜，相对湿度以不超过65%～75%为宜，温度以22～23℃为宜。产房湿度过大，可用生石灰和炉灰渣(1∶3)或锯屑铺地。温度过高过低都是仔猪死亡和母猪患病的重要原因。因此，在寒冷季节产仔，舍内要有取暖设施。在母猪产前5～10日，将产房打扫干净，用3%～5%石炭酸或2%～5%来苏儿，也可用3%烧碱水进行消毒，墙壁用石灰乳粉刷，地上铺些柔软、清洁的垫草。

2. 用具的准备

要准备好猪圈卡片、母猪生长记录表、灯、仔猪箱(箩筐)、抹布、剪刀、纱布、消毒药品(5%碘酒、2%来苏儿)、结扎线(浸在酒精中或来苏儿药液里)、秤、耳号钳、火炉和垫草。

二、分娩征状与接产技术

母猪分娩多在夜间,因此,在分娩期间必须组织夜班人员,及时接产,避免不必要的损失。

1. 临产症状

临产前主要特征:腹部膨大下垂,乳房膨大有光泽。到临产前4~5天,两侧乳头外张,呈潮红色(特别是初产母猪表现很明显),如用手挤压乳头,则有清乳汁流出,表明约两三天即分娩;如挤出较浓稠的黄色乳汁,约一天就会分娩;如母猪的外阴部松弛,尾根两侧稍凹下(即骨盆张开),行动不安,衔草做窝,一般6~10小时内产仔。母猪频频排尿,起卧不安,开始阵痛,阴部流出黏液,预示着即刻产仔。

2. 分娩过程

母猪分娩时,子宫肌肉激烈收缩,通常把这种症状叫做阵缩。阵缩间隙地发作,直到所有胎儿和胎衣全部产出为止。仔猪出生是破衣而出的,但有时可能同胎衣一同生出,对此,必须把胎衣撕破,否则会使仔猪窒息而死。由于猪是多胎动物,胎儿较小,胎位变化较大,所以分娩时有的头先出,有的臀部先出。

母猪通常是卧下分娩,但在分娩过程中,往往会起来走动,必须注意护理。一般正常的分娩是5~25分钟产出一头仔猪,也有产出一头后马上产第二头的现象。分娩持续时间为2～4小时,也有长达12～24小时的。仔猪全部产出后约隔10～30分钟便排出胎衣。有时一侧子宫角内的胎衣下地后,另一侧子宫角内的胎衣未全部排出,也会继续产仔。胎衣排出期间,接产人员一定要在母猪旁边守候,一边排,一边捡,千万不要让母猪吃胎衣,猪吃了胎衣就会养成吃仔猪的恶癖。另外,母猪吃仔猪后,泌乳量也明显减少。

3. 接产技术

在整个接产过程中要求环境安静,接产动作迅速而准确。接产时,接产员应换上清洁衣服,把指甲剪短,用肥皂水把手洗干净,再用2%的来苏儿消毒,然后按下列顺序接产。

(1)除黏膜:当仔猪刚出生,接产人员用手握住仔猪躯体,使之成水平状态,右手立即用手指将口、鼻的黏液掏除,并用清洁抹布抹净,防止黏液堵塞口鼻,闷死仔猪,然后用清洁抹布擦净全身,防止仔猪受冷而感冒或冻死。

(2)断脐:仔猪全身擦干后立即进行断脐。断脐的方法有两种。一种是擦干身后马上断脐;另一种是先把仔猪放在护仔箱里,经15～20分钟后断脐。断脐时用手将脐带内的血液向猪腹部方向挤压,然后在离腹部7～8厘米处,右手食指、大拇指用力扭断,涂上碘酒。如果脐带出血过多,可用手指捏住断头,直到不出血为止,或用消毒线结扎。

(3)高锰酸钾洗浴:仔猪断脐后,用0.1%的高锰酸钾洗浴。方法是:用32 ℃温水2 000毫升,加2克高锰酸钾溶于温水中,用一条干净的毛巾洗浴消毒。洗浴时左手抱着猪身,右手拿着沾有高锰酸钾溶液的毛巾给仔猪擦身2分钟。注意仔猪的头要朝上,鼻孔不能滴入水。

(4)黄连水排胎毒:仔猪洗浴后,即用汤匙给猪喂1～2毫升黄连水。黄连水调制方法是:川莲1克,泡热开水100毫升半小时备用。灌服时水稍温暖即可。

(5)喂奶:第一头仔猪产下后,经过2个小时,不管全窝仔猪产完与否,都要放到母猪身边喂奶,这样对母猪有好处。先喂下侧的乳头,上侧的乳头后喂,因为先喂上侧乳头,仔猪便不吮下侧乳头的乳,会使许多仔猪发育不良。仔猪吮乳后,仍放回护仔箱内,直至母猪产完,才把仔猪放到母猪身旁。有个别仔猪生后不会吮乳,需进行人工辅助。

(6)称重:仔猪全部产完后,要称重、登记。先称全窝重,后称个体重。

(7)仔猪编号:准备留作种的仔猪或作育肥试验的仔猪都要编号,以便进行记载和鉴定。

编号的方法很多,最常用的是剪耳法。用耳号钳在猪耳朵上剪号,每剪一个缺口代表一个数字,把几个数字相加,便得仔猪编号。

通常采用左大右小、上1下3、公单母双法。即在右耳上缘剪一个缺口表示1,下缘剪一个缺口表示3,耳尖剪一个缺口表示100,中心打一个圆洞表示400;在左耳上缘剪一个缺口表示10,下缘剪一个缺口表示30,耳尖剪一个缺口表示200,中心打一个圆洞表示800。

(8)剪齿:仔猪出生后,便有4个犬牙,俗称“马牙”,呈黑色。这种牙对吃食不利,最好趁早剪掉。

4. 助产技术

母猪难产的情况较少,但有时因猪身体衰弱、宫缩无力、胎儿过大、胎位不正等,则引起难产。遇到此种情况,可采取以下助产技术,以缩短产程,减少仔猪死亡。

(1)母猪产仔时间过长,发现口渴现象,应给予少量温水喝。如无力分娩,则可随着母猪的腹压动作,用手托住母猪腹部向腰角方向推动或学仔猪吮乳动作刺激母猪乳房。

(2)发现仔猪的头或后肢脱出而又缩回时,应当迅速帮助拉出,拉的动作要配合母猪阵缩动作进行。

(3)如果用上述措施无效时,采取助产手术。助产人员先用温肥皂水把母猪外阴部洗净,再用来苏儿消毒,然后把手清洁消毒,涂上凡士林,手指并成锥形,手心向下,向母猪阴道里慢慢旋转伸入阴道 12～15 厘米处,将仔猪或死猪小心地掏出,注意不要损伤阴道。如果摸不到仔猪,不要再向里摸,应稍停片刻,待仔猪或死猪胎下来时再掏,掏出一头仔猪后,如果转为正常分娩,不要继续掏。手术后,母猪应注意配合使用抗生素或其他消炎药物。

母猪分娩完毕后,应立即收拾产房,清洁母猪身体,更换干净垫草,并训练每头仔猪固定乳头吮乳,这时接产工作才算完毕。

三、猪假死急救法

仔猪在出生时,有的在产道停留时间过长,产道中的黏液或血液把仔猪的鼻腔、口腔堵住,影响其呼吸,因此,在出生后,呈现窒息状态,但心脏还在微弱地搏动,称之为假死。如果抢救及时、方法得当,可以复活,否则就会死亡。

仔猪在产道中停留时间过长,有以下三方面的原因:一是母猪过肥胎儿少,造成胎儿过大,出生困难;二是母猪年龄太大,子宫收缩力微弱;三是初产母猪产道狭小。

如果碰到仔猪假死时,要立即用手摸摸左前肢肘后第3~5肋骨下三分之一处,看心脏是否跳动。如果心脏不跳动,就是真死,无法抢救,如果心脏在微弱跳动,则为假死,要及时抢救。

(1)用毛巾把假死仔猪的鼻腔、口腔周围的黏液擦净后,立即进行人工呼吸。让仔猪仰卧,用左手握住两前肢,前后伸屈,用右手掌有节律地一松一紧按压胸部,并在仔猪鼻孔吹气,促使呼吸。

(2)天冷时,可把仔猪放入40℃的温水中,来回摆动数分钟,头要露出水面,轻轻拍打其胸部,随后擦干体表,也可促使其呼吸。

(3)用酒精涂擦于仔猪的鼻部,或往鼻孔吹气,刺激仔猪呼吸。经急救后恢复呼吸的仔猪,口中发出叽咕叽咕的声音,此时,要将仔猪放在温室内,铺上干净垫草,用毛巾或软布擦去身上附着的黏液,并注意精心护理。

(4)用手把假死仔猪的肛门和嘴按住,并用手捏住仔猪脐带憋气,当发现脐带有波动感觉时,立即松手,即能使仔猪复活。

(5)用干毛巾擦拭仔猪皮肤,可防止玷污及冻死,并能促进血液循环及呼吸。

四、母猪难产的处理

1. 阵缩及努责微弱

母猪分娩时子宫肌及腹壁收缩次数少,时间短和强度不够,不能把胎儿排出,或排出一部分胎儿就发生阵缩及努责微弱。遇此情况先用脑下垂体后叶素20～40国际单位,作耳根皮下注射,如不见效,可施行助产术(即用手掏出)。

2. 胎衣不下

在胎儿全部产出3个小时以后,胎衣仍不排出即为胎衣不下症。其症状是母猪常卧地不起,不断努责,阴户内流出暗红色带臭味的液体,可注射脑下垂体后叶素20～40国际单位。母猪胎衣的重量依仔猪的多少而不同,一般每头仔猪胎衣重270～300克,假若生10头仔猪,应排出胎衣2.7～3千克,排出胎衣明显少时,必须注意还有胎衣残留在母猪的子宫里。

3. 母猪难产

可用手提母猪阴蒂,刺激末梢神经,引起子宫收缩,迫使胎儿产出。操作方法:待分娩母猪自然倒卧后,助产人蹲在母猪下腹部稍后方,距离腹部40～50厘米处,面向母猪腹部,用一只手(左侧卧用左手,右侧卧用右手)的拇指和食指捏住母猪的阴蒂按其腹部方向有节奏地摆动。振幅时大时小,用力先弱后强,但不要用力过大,以免产生性刺激。另一只手五指伸开,放在母猪腹部后下方,在上列乳房基部上10～20厘米处,进行轻度按摩。这样反复按摩1～2分钟,羊水可流出,胎儿也逐渐被娩出。

五、母猪分娩后的饲养管理

1. 饲养管理

在分娩的当天,可不喂料,只喂温水。母猪在分娩过程中,禁止喂盐,如分娩时间过长,可喂点加盐的温水,母猪产完仔和排出胎衣后,可喂少量加盐的稀粥或加盐的麦麸水。产后2～3天,喂料逐步增加,产后5～6天,才按标准喂料。5天以后,每天给母猪喂500～1 000毫升牛骨或猪骨、狗骨煲的汤水。

目前,我国农村采取"考槽"的办法,即对产后1～2天的母猪完全不喂料,一般用清洁水、淡盐水、淘米水或麦麸、米糠湿泡的水作饮水。但要注意:过度考槽,对迅速恢复产后母猪的体力并不利。母猪产后2～3天内,体力消耗大,感到疲劳,消化能力也差,食欲不好,这时对饲料的要求宜少不宜多、宜精不宜粗、宜稀不宜稠。

哺乳期母猪与仔猪是一个整体,所以要经常检查仔猪头数、仔猪发育和母猪营养状况而增减饲料喂量。青年母猪不同于成年母猪,应当充分考虑到自身成长和仔猪发育的双重需要。若使用种猪配合饲料,自分娩后第7天开始,到断奶前一天为止,对哺育8头仔猪的母猪,每天喂料5千克;哺育10～12头仔猪的母猪则给料6千克。另外,最好在饲料中加入1%～2%的鱼粉或2%～4%的豆饼,以利增加母乳的分泌。但在哺乳母猪的管理阶段,最主要的是在哺乳期间要为促使下次发情做好准备。

母猪在整个泌乳期,大约泌乳125～250千克,因而要消耗大量蛋白质来转化为乳,在泌乳最旺盛的产后30天内,尤其应给予大量蛋白质、矿物质和维生素饲料。授奶期间应供给母猪充足的营养,使其转化为奶汁,以保证仔猪生长发育的需要。如果营养供应不足,奶汁量少、质差,甚至要分解母猪本身组织的营养来满足泌奶的需要,母体消瘦快,便会出现产后体弱。

2. 缺奶原因及措施

在母猪授奶期间,可能发生无奶或奶汁不足的现象,尤以初产母猪为多,造成这种现象的原因是:对怀孕母猪饲养不当,营养不良;配种过早,母猪乳房乳腺发育不全;母猪年老体衰,生理机能衰退;促进泌乳的激素和神经机制失调;伴发其他疾病。

母猪无奶或奶汁不足,叫"缺奶症"。其症状是:乳房松弛,体积缩小,挤不出奶汁或奶汁不多。这样的母猪要采取人工催奶:

(1)如因疾病引起的,要及时治疗。如属于生理性的,可每天按摩乳房数次,刺激催乳。

(2)增喂富含蛋白质和维生素多而又易消化的饲料,如豆浆、小虾、青绿多汁的饲料等,进行催乳。

(3)在气温高于30℃的炎热天气,用凉水淋到授奶母猪颈和肩部上,母猪吃食多,产奶多,从而可提高仔猪断奶时10%的重量。

母猪产前3～4天停止运动,产后3～5天,如天气晴朗,便让母仔一同到舍外活动，以促进新陈代谢。平时注意栏舍清洁、干燥；做好防寒保暖、防暑降温工作；固定仔猪奶头；训练母猪躺下两边喂奶；特别注意防止母猪吃掉仔猪和压死仔猪。

3. 促使母猪产后发情

有些母猪产仔后，在较长一段时间内不发情，其原因是多方面的。若属非疾病引起的不发情，可以采取如下方法：

(1)母猪分娩后，经过2个月左右的哺乳期，膘情不太好，个别的还很瘦弱，往往不发情。对这样的母猪，要多喂些豆饼、葵花饼等精料，促使其上膘。膘情好转了，母猪就易发情；相反，母猪过肥时，要减少精料。

(2)产仔后60天仔猪还未断乳，母猪不发情，马上给仔猪断乳，体况好的母猪很快就能发情。断奶后膘情不好的母猪，待乳房萎缩后，增加精料，使其增膘发情。

(3)进行诱导发情及注射激素催情。

(4)无论采用哪种催情方法，都必须在母猪体况强的情况下进行。因此，除加强饲养管理外，还应加强母猪运动。每天上、下午各运动1～2小时，促进新陈代谢，加强血液循环，增强体质，以利发情。

六、预防母猪吃仔猪和压死仔猪的方法

1. 母猪吃仔猪的原因及预防

一般母猪吃小猪的情况是不多的，但饲养管理不当也会发生。

(1)母猪分娩时,胎衣及死小猪不及时清除,被母猪吃掉,而形成吃仔猪的恶癖。

(2)异窝仔猪钻进猪栏被咬时,母猪牙齿沾上仔猪的血液,已尝到仔猪的味道,虽然当时未吃掉,以后也会养成吃仔猪的恶习。

(3)饲料营养不全,尤其是极度缺乏矿物质和维生素时,母猪产生一种馋吃的生理要求。

(4)因个体差异,有的母猪母性不强或有吃仔恶癖。

(5)分娩时护理不当,饲养人员对护仔性过强的母猪强制护理或仔猪初生后乳齿过硬,吸吮时咬伤乳头等。

(6)有的母猪精神过度紧张,特别是青年母猪在分娩时易因精神过度紧张而咬吃仔猪。

要纠正母猪吃小猪的恶癖是不易的,应以预防为主。方法有:①加强哺乳和妊娠母猪的饲养管理。在配制母猪的饲粮时,必须注意补充蛋白质、矿物质、维生素的不足,充分满足母猪的营养需要。②及时清除胎衣和死胎。母猪产仔后的胎衣、死胎要立即清除出圈,以防止母猪吃掉小猪的习惯。③淘汰吃仔猪的母猪。有吃小猪恶癖的母猪,最好是淘汰或如不能及时淘汰,必须给它带上铁鼻环。铁鼻环的大小以张嘴能吃食但不能吃小猪为宜。最好是将其仔猪并入母性好的小猪群中去。④暗地监护。对护仔性过强或产仔时精神过度紧张的母猪不宜人工直接监护,但必须注意防止母猪吃小猪,方法是暗地监护。一旦发现母猪吃仔猪,应立即抢救。给这种猪注射或口服镇静剂也有一定效果。

2. 母猪压死仔猪的原因及预防

母猪压死仔猪的主要原因是:老母猪年老耳聋,行动迟钝,躺下时,压住仔猪不知道;新母猪没经验或护仔性不强;母猪身体过肥,行动笨重,腹大下垂;栏内无防压设备或垫草太长;母猪护仔性强,生人在栏旁惊扰引起不安,在栏内乱动。

预防方法:①建立产房,安装母猪产仔笼。②栏内设置护仔间和防压保护架。③产后一周,指定专人看守。④栏内看守时间不能过长,栏舍保持安静。

第五章　仔猪速长管理技术

从初生到断奶，是养好仔猪的关键时期，其基本任务是获得最高的成活率、最大的断奶窝重和个体重。

一、哺乳仔猪的生理特点

1. 生长发育快，物质代谢旺盛

仔猪出生后，生长发育快，这是一个很大特点。一般仔猪出生体重在1千克左右，10日龄时体重较初生重大2.1倍；1月龄时体重较初生重大5～6倍；至2月龄时，则可达10～15倍。仔猪物质代谢相当旺盛，特别是蛋白质代谢和钙、磷代谢比成年猪高得多。如生后20天的仔猪，每千克体重每天要沉积蛋白质9～14克，而成年猪每千克体重每天仅沉积蛋白质0.3～0.4克。此外，矿物质的代谢也比成年猪高，在仔猪每千克体重中，含有钙7～9克，磷4～5克。由此可见，仔猪对营养物质的需要，不论在数量和质量上要求都高，对营养不全的反应也很敏感。因此，仔猪在哺乳期除应充分利用母乳外，还应特别注意加强营养，以充分发挥它的最大生产潜力。这对提高饲料利用率，缩短育肥期和提高种用价值，以及降低成本都有重要意义。

在适当的蛋白质水平下，哺乳仔猪喂 1 千克混合料可增加体重 1 千克。这就充分说明了仔猪代谢机能相当旺盛，能充分利用乳汁和饲料中的营养物质，达到最高的生长速度。

2. 调节体温机能不健全

初生仔猪的大脑皮层不发达，调节体温能力差，皮下脂肪少，而且不能很好利用血液中的碳水化合物来维持正常的体温。因此，寒冷是仔猪的大敌，尤以第一天为最严重。初生时体重愈小，体质愈弱，抗寒力愈差。这时如猪舍温度过低，或者护理不 当，则易被冻死。故早春和冬季产仔时，应做好猪舍的防寒保暖和初生仔猪的护理工作。

3. 消化道不发达

仔猪的消化器官在胚胎期虽已形成，但结构和机能都不完善，且容积小，如初生时胃重仅 5～8 克，容积为 30～40 毫升；2 月龄时胃重增加到 150 克，容积增大近 20 倍。大、小肠也急剧地增长，断奶时的小肠长度比初生时增加 4～5 倍，容积增加了 50～60 倍；大肠的长度增加 4～5 倍，容积增加 40～50 倍。由于仔猪胃容积小，排空速度快，因此，每天饲喂的次数应增多一些，这样才能够保证生长发育中对营养的需要。随着年龄的增长，饲喂的次数可逐渐减少。

初生仔猪胃腺机能不够完善。一般在 20 日龄以前，胃液中缺乏游离盐酸，即使到 20 日龄以后，胃液中游离盐酸的浓度也很低，抑菌和杀菌的作用较弱。因此，仔猪在哺乳期应特别注意饲料、饮水、饲槽、猪舍等的清洁卫生，以减少病菌侵入，防止疾病发生。

20 日龄以前仔猪胃液中就含有胃蛋白酶原，但由于缺乏盐酸,不能使其激活,对进入胃的乳汁仅起到凝固作用,几乎没有消化蛋白质的功能,主要靠小肠内的肠液和胰脏分泌的胰液进行消化。只有当仔猪达到 40~45 日龄时,胃内才具有消化蛋白质的功能。

因此,缩短仔猪胃的机能不完全期,对促进仔猪胃腺发育、降低哺乳仔猪的发病率,在仔猪生产上具有重要意义。实践证明,早期给仔猪补饲,可直接刺激胃壁分泌盐酸,缩短胃机能不完全期,从而提高仔猪的消化力,增强抗病力。

4. 缺乏先天的免疫力,容易得病

免疫抗体是一种大分子的 γ-球蛋白,由于猪的胚胎构造复杂,限制了母猪抗体通过血液转给胎儿,因此,仔猪出生后,缺乏先天的免疫力,只有吃到初乳后,才能从初乳中得到母体抗体。初乳中的免疫球蛋白虽高,但很快降低。仔猪从 10 日龄开始自身产生抗体,但在 30~35 日龄以前数量还很少。因此,20 日龄左右是免疫球蛋白青黄不接的阶段,仔猪易患下痢症。同时,仔猪已经开始吃食,胃液尚缺乏游离的盐酸,对随饲料、饮水进入胃内的病原微生物缺乏抑作用,从而导致仔猪多病。

二、一周龄仔猪的护理技术

一般母猪产仔数 10 头左右,而断奶成活的多在 7~8 头。在整个哺乳期死亡 2~3 头,其中死于生后一周内的占死亡数的 60%左右。死亡的主要原因是冻死、压死、饿死和下痢。因此,生后一周内的主要管理工作是保温防压,使仔猪吃足初乳、固定奶头、补铁和解决好母猪无奶、寡产、死亡和仔猪的哺育问题。

(一)初生仔猪的保温

仔猪出生前在母猪子宫内的环境温度是39～40℃，分娩后就要接受自然条件的挑战，较好的环境温度与母体内温度也相差6℃以上。这时对仔猪来说，无疑是严峻的考验，新生仔猪皮下脂肪含量较少(此时体内脂肪约占体重1%)，而且新生仔猪可以利用的热能基本只是葡萄糖和肝糖等，用作产热的褐色脂肪几乎没有。如果仔猪生后不能尽快地吃上初乳，肝脏中贮藏的肝糖就会迅速下降。因此，在管理上应该注意到仔猪肝糖未完全分解之前，让仔猪及时吃上初乳获得能量补充，否则会出现低血糖症而导致死亡。特别是在环境温度低于临界温度(28℃)的情况下，会加速肝糖分解。

新生仔猪的体温调节中枢不发达，而中枢神经系统对血糖的依赖最大。如果环境温度低，即使调节血液循环也很难维持热平衡。

另外，新生仔猪被毛稀少，而且体表面积大，缺少皮下脂肪，如果仔猪身上有10毫升羊水，仔猪就要耗费5 000千卡以上的能量才能使水分蒸发掉。可见，在接产时仔细擦干仔猪是十分重要的。

温度与仔猪免疫力密切相关。寒冷会使仔猪变得不活跃，食欲减退，不愿吃初乳，同时也可以阻止较大的仔猪喝水和开食，破坏猪体的免疫机能。由于少吃初乳，就无法抵抗疾病的侵袭，最终导致严重的下痢和肝昏迷。在生产实践中还发现,仔猪出生时如果受到寒冷的刺激,肠管上的受体细胞关闭,不能接受或少量接受母乳中的移行抗体,而使仔猪免疫能力下降,导致发生疾病。

仔猪和哺乳母猪所要求的环境温度条件是矛盾的。生后一天内仔猪所需要的温度为 35℃,而哺乳母猪最适合的环境温度却在 15~20℃,提供同一环境温度很难满足母猪和仔猪双方的要求。目前,普遍的作法是将母猪的分娩舍控制在 20℃左右,而给仔猪提供局部的环境。仔猪最适宜的温度条件是:1~7 日龄 28~32℃,8~30 日龄为 25~28℃,31~60 日龄为 23~25℃。为了满足这个温度要求,可采用 250 瓦的红外线灯泡育仔箱。把红外线灯泡安放在约 1 立方米的育仔箱内或育仔室的中央,育仔箱可木制,育仔室可用砖和水泥等修建。育仔室(箱)靠仔猪的一侧开一个仔猪出入口。仔猪出生后放在箱(室)内,每隔 1 小时放出哺乳一次。经几次训练,仔猪就会自行出入,并选择在适宜环境下休息。同时这样还可防止仔猪被踩死、压死。

若没有红外线灯泡,可在相邻两个母猪产圈间设火炉、土暖气等取暖设备,或在产圈一侧修一个高 50~60 厘米、宽 30~40 厘米、长 90~100 厘米的保温育仔间。

(二)仔猪防压措施

仔猪日龄越小,死亡率越高,尤以生后 7 天内死亡最多。死亡的主要原因除白痢和发育不良外,冻死和压死占死 12%以上。因为这个时期仔猪体弱,生理机能不健全,行动不灵活,加上母猪体大笨重或年老体弱,行动迟缓,母性不好等因素,分娩后3天,最易压死仔猪。为此,必须设置护仔栏或仔猪保育补饲栏。

(1)护仔栏:在猪圈靠床的三面,用直径8～10厘米的圆木、毛竹或水管,在距地面和墙20～30厘米处,安装护仔栏,以防压死仔猪。

(2)仔猪保育补饲栏:在仔猪的一侧,用木栏、铁栏或砖隔开,设置仔猪保育补饲栏(其大小以容下仔猪为准),对初生仔猪可防压保温,补饲。留有仔猪出入孔,仔猪出生后即放在栏内取暖、休息,定时放出哺乳,经2～3天训练,即可养成自由出入的习惯。保育补饲栏内应铺垫草。

(三)吃足初乳

新生仔猪维持体温所需热量多,几乎是成年猪相同体重的3倍;产热的能量低,且只能分解体内糖原产热,不能分解体内脂肪产热,而体内的糖原又有限,所以新生仔猪要及时补充营养。另一方面,仔猪体内无抗体,但产后3天内母猪分泌的初乳中富含多种抗体。新生仔猪得不到抗体很难育活。因此,仔猪出生后2小时应尽早吃到初乳,吃足初乳。

(四)固定奶头

一头具有6对乳头的哺乳母猪,在产仔后10天内第1对奶头的产奶量为4 791克,第6对奶头只有2 707克,如以第1对乳头的产奶量为100%,则第2～6对奶头依次为79.8%、75.5%、72.1%、56.7%和56.6%。因此,如果让仔猪自由固定奶头,而体小的猪只能吃后边乳量少的奶头,甚至抱不到奶头,这样,到断奶时,体重就会相当悬殊。

母猪每次放乳时间只有 10～20 秒,如果仔猪吃奶不固定奶头,还会发生强夺掠食,干扰母猪泌乳,仔猪发育不齐死亡率高。为了提高仔猪育成率,必须固定奶头。仔猪生后头几天,就有固定奶头吃奶的习惯。奶头一旦固定下来以后,一般到断奶都不会更换。固定奶头的方法如下:

1. 人工辅助固定奶头

当仔猪个体差异不大,有效奶头足够时,生后 2～3 天绝大多数能自行固定奶头,不必干涉。如果个体差异大,应把个体小的放在前 3 对奶头吮乳,因为前面的奶头泌乳量高。方法是把母猪后躯垫高些,使前躯低些,因为初生仔猪有“向高性”,这样体大的仔猪先去占领后躯的几对奶头,人工辅助个体小的仔猪在前几对奶头吮。这样,两天后就能固定好。这种方法的优点是比较省事,易办到。缺点是个体大强壮的仔猪往往还会抢奶头。

2. 完全人工固定

从仔猪出生后第一次吮乳就开始人工固定。用橡皮膏贴在仔猪身上,写上它所固定的奶头顺号,仔猪吮奶时人为控制,不允许串位,并把多余的奶头用胶布贴住封严,仔猪会很快按固定奶头吃,不抢奶。这种方法效果好,但比较费事。

在固定奶头时,最好先固定下边一排的奶头,然后再固定上边的奶头。在奶头尚未固定前让母猪朝一个方向躺卧,以利于仔猪识别自己的奶头。给仔猪固定奶头,特别是开始阶段,一定要细心照顾,经过 2～3 天训练就可以达到固定的目的。

(五)仔猪并窝与寄养

仔猪出生后,如碰到母猪死亡、一窝产仔较多、母猪奶头不够、或母猪患乳房炎、母猪缺乳和不给仔猪哺乳等情况,可以把仔猪放到生产日期相近、产仔少的母猪处寄养。其原则和做法如下:

(1)寄养前,应保证仔猪从母猪身上获得初乳的时间有1小时以上。

(2)仔猪一定获得足够的初乳。

(3)寄养应建立在有利于同窝仔猪较弱者的基础上。为了给弱仔猪提供生存机会,最好将同窝仔猪的弱、强者分开寄养。

(4)必须考虑母猪的寄养能力。这种能力决定于母猪的功能奶头数和母猪处于喂奶位置时能暴露给仔猪的奶头数。

(5)如果仔猪数较多,最好在出生时就进行交叉寄养,把同窝仔猪的出生体重扯平。此时,应保证弱小仔猪位于恰当的吸奶高度。

(6)一胎猪的出生时间可能相差12小时以上,因此,应在观察吸乳行为的基础上选择寄养对象,无固定奶头的仔猪,就是最恰当的候选者。

(7)在一胎多产或母猪无奶的情况下,解决多余新生仔猪寄养的最好方法是把最大的新生仔猪交给约在一周前产仔、多奶的善良母猪寄养,而该母猪的一周龄仔猪可交给另一头(其仔猪已按期断奶)多奶、善良的母猪寄养。

(8)把同窝仔中由于营养不良(非疾病)造成的个别不健

壮者交给新产仔的母猪寄养,但选择时要注意寄养的仔猪在大小与长度上应与同窝仔猪的新伙伴基本相称。

(9)空乳腺一般在产仔后 3 天停止产乳,因此,可把多余的新生仔猪中较健壮者交给 3 天前已产仔、有多余奶头的母猪寄养,而较弱小者仍留给亲生母猪。

然而,无论采取何种寄养方法都应充分注意到,新生仔猪的保存能力很有限,出生后必须迅速喂给初乳加以补充。

寄养的方法:避开母猪,将被寄养的仔猪与并窝的仔猪全部喷上 2%的臭药水和煤油,经过 1 小时左右,趁母猪不注意时,把仔猪放到母猪身边,让仔猪吃奶。如果寄养的母猪刚生产完毕,可以把寄养的仔猪用寄养母猪的胎盘全身擦一遍,然后与刚生下来的仔猪一同放在产仔箱内,经过 1 小时左右,把所有的仔猪一起放到母猪身边吃奶。仔猪只要吃过寄养母猪的乳 1~2 次,寄养就成功了。

巧妙地采取寄养法可使弱小的仔猪及时得到初乳,从而避免受冷、营养不良和断奶前的死亡。

三、仔猪开食及补料饲养程序

在生产实践中,母猪泌乳量一般在 21 天左右达到高峰,以后逐渐下降,而仔猪的生长发育迅速上升,初生体重仔猪不到成年猪 1%,30 日龄体重为初生时的 5~6 倍,60 日龄可增长到 10~13 倍。因此,要早开食补料,才能满足仔猪生长发育的需要。如不及时补料,易造成仔猪消瘦、患病或引起死亡。

适当补料的好处是:①能促进胃肠的发育,提早分泌胃液,增强仔猪胃消化机能,抑制肠道细菌的繁殖,增强抗病力;②早期补喂炒过的粒料(如大麦、高粱等),可以避免仔猪在出牙阶段(出生一周以后)因牙龈痛痒,乱啃脏东西,感染疾病;③可以防止仔猪因营养需要的不足而阻碍生长发育。据研究,母猪对仔猪营养需要的满足程度是:3周龄为97%,4周龄为84%,5周龄为66%,6周龄为50%,7周龄为37%,8周龄为28%。可见3周龄前母乳可基本满足仔猪的营养需要,仔猪无需采食饲料,但为了给3周龄后大量采食奠定基础,必须提早训练仔猪开食。

(一)早期开食训练

仔猪从7日龄起有离开母猪单独活动的现象,因而可根据这一习性,从生后7日起开始诱饲。

1. 让仔猪熟悉环境

仔猪对环境的熟悉,主要是依靠嗅觉;其次是触觉;第三是听觉;第四才是视觉。仔猪的活动范围扩大后,开始对事物进行试探接触。从这时开始,有意识地将它们赶入补料间内活动,并在经常活动的地方撒些饲料,它们就会比较早地熟悉补料间的环境,增加对饲料接触的机会。

2. 利用仔猪活动时间

7~10日龄的仔猪,其活动大部分在上午9时至下午3时左右,以后活动时间逐渐增加。气温变化对仔猪的活动有很大影响。在寒冷季节,特别是阴冷天气,仔猪喜在中午前后活动;而无风的晴朗天气,仔猪活动的时间较长,可在5~6日龄时诱食。总之,利用仔猪的活动时间,让其学会采食,可以收到较好的效果。

3. 利用仔猪的拱鼻习性

仔猪活动时,有拱鼻的习性,这是一种寻找地面或地下食物的本能。若在仔猪的补料间里摊开一破旧的草席或草包等物,拱鼻的动作就会在这上面进行。利用仔猪这一习性,在草席上撒一些饲料,即可达到诱饲的目的。一旦仔猪对饲料发生兴趣,就会采食较多的饲料。以后可取走草席,代之其喜食的饲料。

4. 利用仔猪对某些食物的喜食性

仔猪喜吃甜味饲料,将红薯(苕子、甘薯)、南瓜等带有甜味的饲料切成小块,用以诱食,常可收到很好的效果。

仔猪也喜食颗粒饲料,如整粒的玉米、炒焦或发芽的大麦和高粱粒等,但一旦养成习惯以后,就难以纠正。若在诱饲时,较早习惯采食青菜碎片也会如此,先吃光青菜碎片,然后再吃其他饲料。这样往往会带来一定的弊病,造成营养单一或采食不多,进而影响仔猪的增重。为此,利用仔猪喜食颗粒饲粉玉米和青菜碎片的特点,仅用于诱饲,一旦学会采食,就要注意逐渐过渡到饲喂其他饲料。

5. 利用仔猪争吃的习性

利用仔猪相互争夺饲料这一习性,常将两窝仔猪共用一个补料间,其中一窝不会采食的较小仔猪经过模仿和争食也会采食,这就是以大带小的诱饲法。这在集中分娩产仔的饲养场经常使用,既便于管理,又促进采食。但要注意饲养密度,也要防止两窝仔猪相互“抢奶”,干扰母猪的泌乳。

仔猪每在饲喂一次新饲料时，相互间也总要争食。因此，在仔猪的诱饲过程中，要始终利用这一习性，增加诱饲次数。

仔猪的诱饲工作虽然比较困难，但只要掌握仔猪的生活习性，投其所好，有步骤、有条件地进行，一般是不难做好的。诱食工作做得早、做得好，仔猪一般能要20日龄左右基本上学会采食较多的饲料，为其后来的真正补料打下基础。因此，上述几种诱饲方法应综合采用。

此外，仔猪的补料处应设在母猪不能进入，但便于仔猪出入的地方，光线要明亮一些。

(二)补饲全价混合料

仔猪早期开食好，25日龄左右即可大量采食饲料。这时如仍用玉米或高粱粒等谷类饲料，就不能满足仔猪对各种营养的需要，必须改用全价混合料。混合料的要求是高能量、高蛋白、营养全面，适口性好、容易消化。具体配制要求是：每千克混合料消化能3.1兆卡以上，糠麸类占混合料的比例在10%以内，饼类和动物饲料等占90%左右；粗蛋白质含量不宜低于18%，即混合料中要有20%饼类和5%～8%的动物性饲料(鱼粉、血粉、蛹粉)、1.5%的骨贝粉(贝壳粉占2/3、骨粉占1/3)、0.3%的食盐，每千克饲料掺入畜用维生素5克。

(三)哺乳仔猪补料程序

1. 初生至10日龄的管理

初生仔猪未吃初乳前，立即灌服氯霉素和乳酶生，每千克体重服80毫克，日服2次；也可用硫酸庆大霉素注射液，给仔猪口腔滴服,每头1万单位,每天2次,连服3天,以预防仔猪下痢。

3日龄:为预防仔猪贫血,从3日龄开始,可选用以下几种方法:①注射进口“富来血”1毫升(含铁150毫克)或广西产的“铁血素”1毫升(含铁150毫克)。②铁铜合剂补饲法:2.5克硫酸亚铁和1克硫酸铜溶于1000毫升水中,装在瓶里,于仔猪3日龄开始补饲。当仔猪吮奶时将合剂滴在奶头上让仔猪吸食,或装在奶瓶里喂给,每日1~2次,每日每头10毫升。仔猪开始吃料后,可将合剂拌在饲料中。③在猪舍的一角,放些清洁的含有氧化铁的红壤土,让仔猪自行啃食。④猪舍内撒细沙。每50千克细沙混入粉状的硫酸亚铁0.5千克,硫酸铜0.125千克,最好将上述两物溶解于水,再用喷雾器喷入细沙中更为均匀,每隔2~3天撒一次。⑤定期肌肉注射葡聚铁制剂(俗称铁糖针),效果确实好,并能促进仔猪生长。⑥注射铁钴合剂。仔猪3日龄,肌肉或皮下注射右旋糖酐铁钴合剂1~2毫升,7日龄再注射2毫升。

上述方法可选其中一种,若同时采用1~2种效果更好。

5日龄:在仔猪饲槽内放适量贝壳粉、骨粉、木炭末,让仔猪自由啃食。

7日龄:从7日龄开始,在仔猪补料间撒些炒香的黄豆粉、高粱粉、玉米粉、麦粒等,让仔猪自由采食,促进胃肠发育。

10日龄:将少量鲜嫩青菜投入补料间供仔猪自由采食。

2. 10~20日龄仔猪的饲养

仔猪生后10~20天,活动时间显著增加,开始长牙,牙根发痒,喜啃东西。这时是抓引食、预防白痢病的关键时期,也是培育仔猪的一个重要环节。

(1)提早饮水:据观察,仔猪在3日龄就开始有渴感,特别是在生后10天左右,如果不供给饮水,仔猪就会乱舔污水,极易引起白痢。补水时,宜用浅水槽,并要勤换,换得越勤,饮水越多,仔猪生长越快。

(2)让仔猪熟悉环境:仔猪引食前必须让其熟悉环境,一般从7～10日龄开始,将仔猪赶到补料间,一天数次,经过3～4天以后,仔猪对环境就熟悉了。

(3)引食:引食方法很多,现介绍以下数种:①自由采食法。在补料间内,或在仔猪经常走动的地方,放些引食料让仔猪啃食,但需利用仔猪活动时间(在上午9时至下午3时),将其赶至补料间,一天4～5次,4～5天就会吃料。②塞食法。在仔猪熟睡时,将湿料或干料用金属食匙或用手塞进仔猪口中,每天3～5次,效果很好。此法适用于7～10日龄的仔猪。③以大带小法。利用仔猪抢食习性,可将两窝仔猪放在同一补料间,其中一窝仔已会食料,利用大带小的方法,促使另一窝仔猪学会吃食。

仔猪白痢的防治:仔猪白痢,是10～30日龄仔猪常发的一种肠道传染病,其特征是排乳白色(俗称奶屎)或灰白色的稀便。初下痢为粥状,后变为水样,灰白色、黄白色和黄绿色等,带腥味,有时带血或混有不消化的泡沫东西,一般表现吃乳正常,后肢和肛门附近粘有粪,常有呕吐。诱发此病的因素很多,如母猪过肥,乳汁过浓,仔猪吃后消化不良;仔猪吃了污水、尿液;母猪泌乳不足,仔猪营养不良,消化器官发育不全;猪舍垫草不足,猪只运动不足等。所以,对此病应以防为主,具体方法见第十六章。

3. 20～40 日龄仔猪的管理

从仔猪 20 日龄开始,如何使仔猪吃食一致,使仔猪在 35 日龄达到"旺食",是这一时期的关键。

(1)增加饲喂次数:仔猪 20 日龄后日喂 6 次,并要固定时间,使仔猪养成定时吃食的习惯,以促进"旺食"。饲料要新鲜,最好现配现吃,并要少喂勤添,最好在傍晚前 3 小时,即下午 2 时以后增加喂料量。

(2)投其所好,撑足肚皮:让仔猪多吃料,是准备"旺食"的关键。先喂一般饲料,后喂鱼粉或鱼汤,让它多吃点。这样肚皮越撑越大,食欲越来越旺。

(3)抓好"旺食期":仔猪 30 日龄后,食量加大,出现贪吃、抢吃的现象。仔猪一听到预饲的声响,例如饲养员"罗罗"的叫声,饲养用具的冲击声等,就会成群涌向补料间,争先恐后地争食。这种旺盛的采食现象,我们称为"旺食期"。"旺食期"抓得好,仔猪补奶后期的生长就更迅速。例如在 40～60 日龄之间的体重可增加 1 倍,每天增重 500 克以上。因此,抓好仔猪的旺食期是提高断奶重的有力措施。

仔猪在旺食阶段,饲料必须稳定,尽可能不要变化太大。如突然变换饲料,往往影响采食数量,甚至不食,而且四五天才能慢慢习惯,如果再继续变换,便会影响旺食。

根据仔猪的采食习性,选择适口性好的饲料并注意饲料的形态,如炒焦的玉米、小麦、高粱、稻谷,切碎的南瓜、青绿饲料均为仔猪喜食饲料。补料还要多样配合,营养丰富。每千克饲料含消化能不能少于 3.3 兆卡,粗蛋白质的含量为

18%,同时要注意配合仔猪最需要的赖氨酸和色氨酸等。此外,最好能给予一定数量的脱脂奶粉、血粉等动物性蛋白质饲料。仔猪补料的配合比例见表 5-1。

表 5-1　哺乳仔猪补饲日粮配方

饲料	1号	2号	3号（30日龄内）	4号（30～60日龄）	5号（早期补料）	6号（早期补料）	7号
玉米		20	53	45	13.75	12.6	—
高粱	10	20	—	—	—	—	—
大麦或小麦	—	20	—	—	—	—	56.5
大豆粉	—	20		27	7	17.5	26
豆饼粉	20	—	—	—	—	—	—
鱼粉	—	0.5	16	15	5	3	—
麸皮	10	5	—	8	—	—	—
脱脂乳粉	—	—	—	—	40	43	7
砂糖	—	—	3.7	—	15	10	—
玉米糖饴	—	—	—	—	12.5	5	3
脂肪	—	—	—	—	2.5	5	4
苜蓿干草	5	—	—	—	—	—	—
米糠	—	15	—	—	—	—	—
干酵母	—	—	4	3	1	2	—
磷酸氢钙	1.5	2	1.5	1.5	0.35	0.25	1.5
石灰石粉	—	—	—	—	0.25	0.05	1
碘盐	0.5	1.5	0.5	0.5	0.5	0.5	0.5
微量元素补剂	0.05	—	（加）	（加）	0.15	0.1	0.25

续表

饲料	1号	2号	3号(30日龄内)	4号(30~60日龄)	5号(早期补料)	6号(早期补料)	7号
维生素抗生素	—	—	(加)	(加)	2	1	0.25
计算成分							
消化能(大卡/千克)	3 000	3 290			3 577	3 707	3 890
粗蛋白(%)	16.7	16.1	21.5	21.7	22.1	26.06	22
粗纤维(%)	4.96	4.09	2.9	4.1			2.51
钙(%)					0.86	0.8	0.8
磷(%)					0.65	0.7	0.6

(4)预防皮肤病:仔猪皮嫩,易生疥癣和其他皮肤病,而且一般不到严重期不易发现,因此必须积极预防。方法是:仔猪生后,保持栏舍清洁干燥,让仔猪多晒阳光;喂给仔猪营养丰富和足量的青饲料,提高皮肤的抵抗力;发病后,可在饲料内加入0.1%的硫酸锌,并用低浓度的敌百虫溶液喷洒。平时在饲料中加入0.04%的硫酸锌。

(5)加强母猪的管理,确保奶水充足。母猪产仔10天以后应逐渐加料,日喂4次,最好夜间投喂一次青饲料。精料中如果没有鱼粉,应该将胎衣煮熟喂猪,可促进泌乳。

(6)适时阉割:一般在30~35日龄阉割比较好,过早会影响旺食,过迟则影响生长。

4. 40~60日龄仔猪饲养管理

该期是仔猪增重最快的时候,应该利用仔猪贪食、抢食和喜食新鲜饲料的习性，增加饲喂次数，强迫仔猪大量吃料。

(1)稳定饲料质量，狠抓旺餐。仔猪的饲料质量必须稳定，尽可能不要变化太大，一般日喂 7～8 次，每次少喂勤添。尽量多喂些蛋白质饲料，一般不会发生腹泻。狠抓旺餐，即冬天在午后，夏天在傍晚，增加饲料投量，一般可占全天饲料的一半左右，尽量使其吃饱为止。

(2)增加夜餐。增喂夜餐可提高断奶重，夜餐可在 35 天以后进行，并宜在夜间 10 时以后喂给，过早则效果不佳，剩食较多。喂夜餐时必须有照明。

(3)喂土霉素，补微量元素。土霉素用量：1～20 日龄，每天每头 10 毫克；20～40 日龄，20 毫克；40～60 日龄，30 毫克。硫酸锌、硫酸镁、碘化钾、硫酸亚铁等微量元素适当加入饲料，促进仔猪生长。

四、仔猪断奶方法

仔猪断奶在猪的一生中是生活条件的第二次大转变。由依靠母体生活过渡到完全独立阶段，这时仔猪仍处在强烈的生长发育时期，消化机能和抵抗不利环境和疾病的机能还没有发育完全，如果饲养管理稍为疏忽，就会掉膘，阻碍生长发育，形成“僵猪”，甚至生病、死亡。怎样才能使仔猪断奶后不掉膘、不生病、增重快？这是生产中需要特别注意的问题。

1. 断奶的时间

断奶时间关系到母猪年产窝数。60 日龄断奶的一般平均年产 1.8 窝；45～50 日龄断奶的年产 2 窝；28～35 日龄断奶的年产 2.2 窝以上。近年来,有些国家正在采用仔猪早期断奶这种新技术,并在生产上广泛使用。早期断奶的日期有 21 日(3 周)龄断奶的,有 28 日(4 周)龄断奶的,也有 35 日(5 周)龄断奶的。一般以 3～4 周较为普遍。目前国内仔猪断奶一般在 45～60 日龄,如果饲养条件好,则仔猪宜早些断奶,最迟也不要超过 60 天。

2. 断奶方法

断奶前几天,如果母猪膘情好,应适当减少精料量、青料量和适当控制饮水,以免断奶后发生乳房炎;如果母猪体况不佳,则不减精料,适当控制青饲料喂量和饮水,以免母猪过分消瘦,影响断奶后的发情配种。

断奶可采取一次断、分批断和逐渐断的方法。

(1)一次断奶:当仔猪达到预定断奶的日期,立即将母猪分开,仔猪留在原圈饲养。一次断奶法适用于乳房干瘪泌乳量少的母猪。由于突然断奶,仔猪多因环境的改变而引起消化不良、生长受阻;母猪也表现不安,乳房肿胀,严重时引起乳房炎。采用此法时应于断奶前 3 天减少母猪精料和青料的喂量,并加强母猪及仔猪的护理。

(2)分批断奶:根据仔猪的发育、食量及用途分别先后断奶。这种方法适用于泌奶旺盛的母猪。一般将发育好、食量大、作育肥用的仔猪先断奶;弱小或作种用的仔猪后断奶,适当延长哺乳期。但断奶期的时间太长,空乳头易引起乳房炎。

(3)逐渐断奶:在仔猪预定断奶时间的前 4～5 天,把母猪赶离原圈,让母、仔分开,定时放回哺乳。这种方法同样适用于奶旺的母猪。如第一天把离圈的母猪赶回 4～5 次,第二天赶回3～4次，第三至第四天赶回2～3次，第五天即可断奶。这一方法，可避免母猪、仔猪遭受到突然断奶的刺激，故也称为安全断奶法。

早期断奶的好处：

第一，缩短产仔间隙。母猪泌乳期短，营养损耗少，断奶后及时发情配种，有利于提高母猪的繁殖力和利用率。

第二，提高仔猪成活率。压死和下痢是仔猪早期死亡的主要原因，母仔早期分离，既可减少母猪压死仔猪，又可减少传染疾病和寄生虫的机会，有利于提高仔猪成活率。

第三，提高饲料利用率。自然哺乳时，饲料要通过母猪两次转化过程，利用率只有20%。让仔猪直接吃料，其利用率可达50%～60%，提高了饲料的利用率。

第四，仔猪生长均匀。由于早期断奶后进行人工哺育，可根据仔猪不同时期对营养的需要，配制全价日粮，有利于仔猪生产潜力的发挥，减少弱猪、僵猪的比例，得到体重大而均匀的仔猪。

3. 断奶仔猪的养育

仔猪是生长发育最强烈、可塑性最大、饲料利用率最高、最利于定向选育的阶段。从断奶到4月龄是断奶仔猪的育成阶段。主要任务是保证育成猪的生长，减少和消除疾病的侵袭，获得最好的日增重。

仔猪断奶后，由于生活条件的突然转变，在10～15天内往往表现不安，食欲下降，增重降低，甚至减重。为了养好断奶仔猪，采取“两维持、三过渡”措施，即维持原圈管理和维持原来饲料饲养，逐步进行饲料、饲养制度和环境的过渡。

(1)不换圈不混群,维持原圈管理。断奶时应把母猪调离原圈,让仔猪留在原圈饲养2周左右,然后再按大小和强弱分群定圈。

(2)不换料,维持原来的饲料饲养。断奶后的最初2周,仔猪的饲粮配方必须保持与哺乳补料一样,以免因突然改变饲料而降低食欲和引起疾患,半个月后再逐渐改为断奶仔猪饲粮 ,让仔猪有一个逐渐习惯的过程。断奶仔猪饲料配合应基本与哺乳期补料相同,只是粗蛋白质水平可降低一些(由18%～20%降为16%～17%)。

(3)饲养制度逐步过渡。仔猪断奶后半个月,除按哺乳期补饲次数及时间进行饲喂外,夜间应加喂一次。饲料的适口性是增进仔猪采食量的一个重要因素,仔猪对颗粒饲料和粗粉料的喜食程度超过细粉料,要注意调制饲料,经常供给清洁饮水。并从粪便和体况来判断对断奶仔猪的饲养是否合适。

(4)环境过渡。为了减轻断奶对仔猪的刺激,最好采用"同窝原圈饲养法",半个月后待食料、粪便正常后方可调圈分群。还可根据仔猪的性别、个体大小、吃食快慢进行分群。断奶仔猪应有充分的运动和日光浴(晒太阳),圈内应干燥、清洁、冬暖、夏凉。在较寒冷的地区,一定要勤换、勤晒垫草。并注意进行固定地方排泄粪尿的调教,定期驱虫。

(5)预防消化道疾病。断奶仔猪由 吃料加母乳改变为独立吃料生活,胃肠不适应,很容易发生消化不良。所以断奶后头半个月要精心饲养,断奶头一周要适当控制喂料量。如果哺乳期是按餐喂,则断奶后头半个月每天饲喂次数仍应与哺乳期相同,以后逐渐减少,至3月龄可改为日喂4次。

五、促进仔猪速生快长的措施

(1)公猪一定要纯种、个体要大。

(2)要让仔猪长速快,不仅要加强仔猪的饲养管理,更重要的是选好母猪,养好怀孕母猪,促使提高仔猪初生重,一般要求初生体重在 1 千克以上较为理想。

(3)养好哺乳母猪,使母猪有充足的奶水,仔猪才能早发育,增强抵抗力。

(4)抓好仔猪的固定奶头工作。

(5)提早引食,抓好旺食,使小猪提早有独立生活的能力。

(6)30 天仔猪平均头重要求达到 6.5 千克以上。

(7)在日常管理中保持猪圈清洁卫生、干燥温暖。

(8)仔猪断奶后必须实行原圈饲养,使仔猪正常生长,一般养到 60~70 日龄出售为好。

(9)在饲养方式上,采取少喂勤添的方法,断奶当天开始适当地控制饲料的投量,以免腹泻。

(10)仔猪的配合精料力求全价。粗蛋白要求 18%~20%,可消化能在 3.1~3.2 兆卡,粗纤维含量在 3%~4%。在哺乳期间应补给铁制剂,预防仔猪贫血症的发生。

(11)饲料中加入少量的抗生素,可促进猪的生长发育,增强抵抗能力。据试验,用抗生素喂仔猪,成活率提高 10%~30%,日增重 10%~20%,饲料消耗降低 5%~10%。仔猪每吨饲料添加抗生素 40 克。抗生素应连续使用,如仔猪断奶后停喂,就会招致疾病发生。

(12)饲料中要添加微量元素。有的微量元素的最低限量很小,如适当使用,有促进生长、提高日增重和饲料利用率及增强抗病能力的作用。因此,它们是很好的仔猪促长剂。

铜是酶系统的重要成分,也是造血和防止营养性贫血的原素。幼猪每千克体重最低需要量是0.1~0.15毫克,如适当超量使用,每千克体重用0.25~0.3毫克,效果更显著,日增重可以提高22.1%,饲料利用率提高8.3%。

补铜的同时要注意补锌、铁、锰。即每千克体重补硫酸锌0.15毫克、硫酸亚铁0.3毫克、硫酸锰0.1毫克。

(13)给怀孕母猪喂小苏打,可提高小猪的日增重和成活率。怀孕母猪在产前15天和产后70天以内,每天每头怀孕母猪喂小苏打4~5克。30天以内的小仔猪每天每头喂小苏打0.2克;30~60日龄的仔猪,每天每头喂小苏打0.4克。

(14)夏天给哺乳母猪淋水,产奶多,仔猪增重快。在气温达30℃以上的夏天,给哺乳母猪的颈和肩部淋凉水,能刺激母猪吃食多产奶多,可使仔猪断奶时的重量提高10%。

(15)饲料中添加柠檬酸。柠檬酸可降低猪胃中pH值,激活消化酶,提高消化吸收能力,减少消化道中细菌对营养物质的竞争,提高饲料的吸收率。体重5~10千克的仔猪,每千克饲料添加30克柠檬酸,可使猪体重由日增重189克,提高到236克。

(16)松针粉喂哺乳母猪,仔猪增重快。在饲料中添加2.5%~4.5%松针粉,60日龄仔猪增重14.47%~47.87%,成活率达99.95%,而且能预防仔猪白痢(保护率达91%~93.85%)和母猪瘫痪(保护率达90.31%)。

(17)仔猪喂糖精可加速生长。糖精是一种很好的味觉饲料,用它喂仔猪,促进食欲,并具有较强的杀菌能力,而且不在体内沉积,无副作用。据式验,每千克配合饲料添加 0.05 克糖精喂仔猪,其食量比对照组增加 8.1%,平均日增重 212 克,比对照组增加 34 克。

18 喂海带汤。母猪产仔第一个月,用海带 0.5 千克,泡涨切碎,加猪油 50~100 克(炸出油水),煮汤喂母猪,每隔 7~8 天喂一次。第二个月,由于泌乳高峰期已过,可每隔 4~5 天,采用同法同量喂一次。用这种方法催奶,能促进母猪食欲,尽快恢复体质,同时奶中富含维生素、矿物质、微量元素,可使仔猪提早 5~10 天开食。据试验,吃海带催乳的仔猪比不吃海带催乳的仔猪多增重 6 千克。

仔猪快速增长,是系列化技术,不是单一措施能完成的。

第六章　百日出栏法的优点及应用实例

所谓养猪百日出栏法，就是对体重17～22千克的断奶仔猪采用科学方法饲养100天左右，使体重达到90～110千克而出栏的快速育肥技术。

在我国城乡肉食品市场需求量日趋增长的形势下，如何应用现代科学技术，提高猪的增重速度，缩短饲养周期，降低饲料消耗，增加经济收益，已成为当前养猪业亟待解决的重要课题。"百日出栏法"的研究与推广，旨在试图为攻克这一课题迈出创新的一步。

总结多年来的试验、示范和推广结果，同传统的养猪方式相比，"百日出栏法"有下列优点：

1．生猪增重速度快

从断奶到出栏，生猪在饲养期内平均日增重为0.73～0.88千克。据广西壮族自治区有关部门对有代表性的63户抽样调查，生猪平均日增重超过0.5千克，其中61户（占96%）的生猪平均日增重0.8千克，有57户（占90%）超过0.9千克，有44户（占69%）超过1.05千克，有6户（占9%）超过1.5千克。

2. 饲养周期短

旧法养猪，17～22 千克的断奶仔猪一般饲养 240～300 天才能达到国家规定的出栏标准(90～110 千克)；采用本法，饲养 100 天左右，断奶仔猪就可达到上述标准，饲养周期比旧法短 59%～67%。旧法一年只能养 1 批猪，本法一年可养 3 批猪。

3. 经济效益高

养猪户学会“百日出栏法”并掌握饲料配方计算方法后，便可根据当地饲料来源为猪配制经济实惠的日粮，取得增重快、出栏早、饲料报酬高的预期效果，一般每头猪可盈利 40～120 元。这对于扭转当前农户养猪业普遍收入微薄甚至亏损的局面有重要意义。

4. 技术易掌握

“百日出栏法”重点明确，特点鲜明，技术易懂，一般农户稍经培训或自学几天便可掌握使用。广西象州县百丈乡敖抱村 66 岁的妇女周某，参加面授班学习几天，回家便自己动手配制饲料，采用本法试喂 2 头仔猪，饲养 68 天个体重就达 80 千克，平均日增重 0. 83 千克，收到了预期效果。

5. 僵猪也适用

养猪户最头痛的僵猪，采用本法也能在短期治愈并实现快速增重。掌握了其中技术诀窍之后，便可到市场专门购进价廉的僵猪，采用本法加以饲养，往往可收到本小利大的功效。广州部队驻广西防城县某团，有 11 头饲养了 1 年多个体重仅 32 千克左右的僵猪，头头浑身是疥癣，其中 5 头还患喘气病。经笔者采用科学方法饲养，9 天后，这 11 头僵猪由合计始重 361 千克增至 507 千克,平均每头日增重 1.47 千克,僵猪症状霍然消失,实现了快速育肥。

仅 2 年多,全国各地数以千计的读者主动写来了热情洋溢的报喜信和酬谢信,显示了广大农户对“百日出栏法”的喜悦之情和高度信赖。现选几封摘登如下。

广西都安瑶族自治县保安乡巴占村上力屯韦某:我于 1986 年 6 月 1 日购进仔猪 9 头,平均每头重 20 千克,到 9 月 25 日全部出栏,平均每头猪重 110 千克。这 115 天内,平均每日增重 0.78 千克;扣除猪苗费、饲料开支,平均每头猪盈利 106 元。

广西宁明县公安局黄某:我于 1985 年 5 月 15 日购进 2 头瘦肉型仔猪,平均个体重 22 千克。9 月 3 日均出栏,每头猪重 111 千克。这 107 天,平均每头猪日增重 0.83 千克。按每千克价 2.9 元出售,扣除猪苗费、饲料开支,平均每头猪盈利 129 元。

广西宁明县民政局罗某:1985 年 4 月 25 日我购买 4 头瘦肉型仔猪,平均每头重 27 千克。到 8 月 15 日全部出栏,平均每头重 105 千克。这 115 天内,平均每头日增重 0.67 千克。按每千克价 3 元上市,扣除猪苗费、饲料开支,平均每头猪盈利 134 元。

湖南省东安县水岭脚村 2 组何某:我采用“百日出栏法”对 6 头平均重 31 千克的猪育肥,1987 年 10 月 7 日开始,12 月 31 日出栏,平均每头重 114 千克。这 84 天内,平均每头日增重 0.98 千克,每头获纯收入 94 元。

湖南省宜章县黄沙乡沙坪村李某:我按“百日出栏法”试养 4 头平均重 45 千克的猪,尽管有些饲料不全,但 60 天个体重就达111千克,平均每头日增重1.1千克,每头盈利54元。

广东省阳江县那甲乡旧屋园村钟某:我的4头猪于3月15日开始育肥,平均个体重34千克,5月12日全部出栏,平均重117千克。这58天内,平均每头猪日增重1.43千克。按每千克活重2.3元售出,平均每头盈利67元。

贵州省荔波县方村乡尧并小学莫某:我的3头猪,体重分别为7.5、12.5和15千克。试按"百日出栏法"饲养,2个多月后这3头猪体重分别达75、70和80千克,长势喜人。

云南省姚安县仁和乡蛸蛉方二队胡某:我是养猪专业户,但连年亏本,1985年已面临破产,负债累累。参加函授班后,采用"百日出栏法",尽管饲料品种不全,仍能做到150天出栏,平均每头猪日增重0.6千克左右,每头猪可盈利40多元。1987年交售国家肥猪40余头,存栏40余头,年终受到乡、县两级政府表彰和奖励。

四川省蓬安县兴旺乡和平小学袁某:我用"百日出栏法"试喂1头"铁疙瘩"猪(3月14日买回重5.7千克,5月25日才重13千克),几天后猪就大变样,肯吃爱睡。到6月8日体重24千克,平均日增重0.75千克。

广西玉林市北市乡洋塘村西山屯赖某:我按"百日出栏法"以木薯为主配合饲料试喂7头猪,平均每头21千克重。到12月3日全部出栏,总重760千克。这102天内,平均每头日增重0.85千克,扣除猪苗和饲料等费用,平均每头猪盈利114元。

四川省德阳市中区鄂家镇政府刘某:我采用"百日出栏法"试养4头平均重65千克的猪,虽然饲料品种不全,但平均每头日增重仍达1.4千克,饲养20天就达到了出栏标准。

第七章　影响生猪快速增重的主要原因

一、选用良种是快速养猪的前提

本地猪品种,平均日增重只有 0.4～0.5 千克;而长白猪×本地猪的杂交一代,平均日增重达 0.75 千克左右。体重 17～22 千克的仔猪,饲养 100 天,就增重 75 千克,加上原来重量,可达到 90～100 千克。由此可见,猪的品种类型不同,其生长发育规律会有差异,育肥效果也就大不相同。在良好的饲养条件下,长白猪×本地猪的杂交一代生长速度最快。所以,应用百日出栏法时,应当首先选择这个杂交组合后代来饲养。实践证明,利用我国的地方猪种、培育品种及杂交猪,与进口的长白猪优秀个体有计划地进行杂交,选择既适应当地自然经济条件又生长快的杂交第一代仔猪,作为育肥对象,是实现养猪百日出栏的一条捷径。

在杂交过程中,一定要挑选好种猪个体,特别是种公猪。不要以为凡是外来的长白猪都是好公猪,也不要以为所有长白猪个体都能够作种公猪。

二、全价饲料是快速养猪的基础

营养是加速生猪快长的必要条件。营养水平高低对猪的育肥效果影响很大。如果在不同的育肥阶段根据不同营养需要，给予能量、蛋白质、矿物质及维生素平衡的日粮，则育肥猪不仅增重迅速，饲料利用率高，而且还能获得优良的胴体。笔者于1985年春，曾用能高量（每千克饲粮含消化能13.38兆焦）、低能量（每千克饲粮含消化能11.29兆焦）两种不同营养水平的饲料喂猪，结果低能量组日增重仅424克，高能量组达725克。

生长育肥阶段，随着日粮中粗蛋白水平的提高，猪的日增重、饲料利用率均有上升，膘厚有所降低，眼肌面积与大腿比例有所增加，瘦肉率提高。因此，饲粮的蛋白质水平要分期调整，即：前期为17.2%，中期为14.8%，后期为13.6%。

生长肥育猪的育肥效果，不仅取决于日粮中的蛋白质水平，而且还与氨基酸、蛋氨酸+胱氨酸含量及其比例密切相关。生长育肥猪在20～60千克阶段，若日粮含0.8%～0.9%赖氨酸，便能获得最佳的经济指标；而在60～90千克阶段，则以日粮含有0.7%的赖氨酸效果为好。生长肥育猪在自由采食条件下，日粮的赖氨酸含量以0.5%～0.7%为宜；而在定量饲喂条件下，则应提高到0.7%～0.8%。

目前，我国各地饲养肥育猪大都利用氨基酸含量很低的玉米、糠麸、糟渣等饲料；有的虽然加入少量花生饼、菜籽饼、豆饼、棉籽饼之类植物性蛋白质饲料，但赖氨酸含量也只有

0.3%~0.4%,这就大大影响猪的育肥效果。如果在饲料配方计算中,赖氨酸只有0.3%,我们再添加商品赖氨酸(含量98%,一般是进口的)0.4%,使日粮中赖氨酸含量达0.7%,则可提高猪的日增重40%,饲料利用率也上升2.1个百分点,效果十分显著。

在饲粮粗蛋白水平较低的情况下,添加蛋氨酸有助于提高日增重,尤其在猪的生长前期效果更为显著。有人对仔猪作过试验,两组仔猪喂粗蛋白质含量为12%的饲料,另两组喂粗蛋白质含量18%的饲料,每两组中的一组不添加蛋氨酸,加一组添加0.15%蛋氨酸。结果,添加0.15%蛋氨酸的试验组要比不添加蛋氨酸的对照组长势良好;添加蛋氨酸的低蛋白含量组与不添加蛋氨酸的高蛋白组,小猪的日增重几乎相同。可见,若在饲粮 中添加0.15%蛋氨酸能节省高蛋白质饲料,且育肥效果良好。特别是木薯产区,若木薯用量达40%时,蛋氨酸的添加量应达0.2%。

日粮中的能量和蛋白质都要保持适当的比例。如果蛋白质数量不足,不仅直接影响猪体内蛋白质的合成,还会导致采食量下降;但蛋白质过多,也会使体内蛋白质转化为能量而造成浪费,甚至会加重肝和肾的负担而发生营养障碍。肥育猪日粮能量水平正常而蛋白质水平过高时的增重速度,反而比采用适当水平蛋白质饲粮低。所以,必须使饲粮的能量与蛋白质保持合理比例。体重20千克以前的仔猪,饲粮中平均每1000千卡消化能应含粗蛋白质57.4~67.5克;对于生长肥育猪,饲料中平均每1000千卡消化能应含粗蛋白质41.9~51.6克。

采用配合饲料喂猪，猪长得快，瘦肉多，消耗饲料少，成本也能降低，一般1.45～2.6千克饲粮可长0.5千克活重。假如有啥吃啥，沿袭"以粗青饲料为主、适当搭配精饲料"的养猪方式，营养很不全面，猪就生长慢，瘦肉率也低。当然，在猪肥育阶段，在饲料中应当供给适量的粗纤维。因为粗纤维除提供部分养分外，还有充饥和促进胃肠蠕动的作用，但如果品质低劣的粗饲料用量大，会明显降低消化率，从而影响猪的生长和育肥效果。据试验，猪的日 粮中粗纤维每增加1%(青料要折合成风干物计算)，精料消化率就降低2.4%。也就是说，喂青粗料越多，从粪便里带走的精料就越多。

三、性激素与猪脂肪沉积的关系

性别对猪的生长育肥效果有影响，早已为国内外养 猪实践所证明。无论是公猪还是母猪，去势后均能改善食欲，提高增加脂肪的沉重；公猪不去势进行育肥时，其生长速度、饲料利用率及胴体瘦肉率虽然较高，但其体内有一种产生膻味的化合物5α-雌烯酮，从而影响肉的品质。小母猪与去势小公猪比较，生长速度较慢，但瘦肉率较高，母猪不阉割，在生产中可以推广，但要单独分栏饲养，只要饲粮中提高蛋白质水平，便能提高其生长速度和饲料利用率。所以，购入的断奶仔猪不仅要按体重的大小编组，为了使出售日龄和屠体规格一致，还应按性别分群管理。

四、初生重、断奶重与后期增重的关系

仔猪初生重大，表明它在胎儿期生长发育好，出生后身体健壮，吮乳、采食、对环境的适应能力都较强，因而生长发育快，断奶体重大。在正常饲养条件下，断奶体重大，肥育期的日增重也大。笔者曾在同栏饲喂条件下饲养不同体重的初生仔猪 6 头，有 3 头初生重 0.5 千克，另 3 头初生重 1.2～1.3 千克。到 60 天断奶时，前 3 头个体仅重 14 千克，平均每头日增重 225 克；而后 3 头重达 29 千克，平均每头日增重 462 克，比前 3 头提高 1.05 倍。所以，养猪专业户应当坚持自繁自养，注意在提高初生重和断奶重上下功夫，从而为后期快速增重创造条件。

要想得到初生重大的仔猪，首先要挑选体型长的母猪。由于胎儿的生长受母体营养的控制，而母体的供给又由子宫内胎盘的大小所决定。如果母猪体型较长，就有较多的空间供其胎盘和胎儿充分伸展和发育，因而胎儿发育正常，仔猪的初生重也大。但不要把母猪养得过肥，以免腹脂沉积较多，腹壁肥厚，反而影响胎儿的正常发育。

要想得到初生重大的仔猪，最重要的是进行品种或品系间的杂交，避免近亲繁殖。

五、温度与育肥的关系

温度对育肥效果有较大的影响，气温过高或过低都影响

胴体品质、降低增重速度。低温时虽然猪采食量增加,但热能消耗多,日增重反而降低。据试验,环境温度在4℃以下时,增重速度降低50%,饲料消耗却增加2倍。当气温升至21℃以上时,肥育猪日增重便开始下降;35℃以上时,猪的食欲变差,采食量减少,日增重和脂肪沉积也相应降低。15~21℃时猪增重最快。所以一般春产仔猪的育肥效果优于秋产仔猪,但背膘稍厚。最适宜猪生长的温度:小猪阶段为20~30℃,成年猪为15~20℃。许振英教授提出的群养临界温度见表7-1。

表7-1 群养猪的临界温度

体重(千克)	1~5	5~20	50	100
临界温度(℃)	30	28	20	18

在临界温度以下,每降低1℃,每千克体重就要多消耗22千焦的代谢能,相当于1.8克的混合料。

六、密度与生长速度的关系

所谓饲养密度,是指每头猪所占栏的面积(平方米)。饲养密度是否合理,对生长肥育猪有很大影响。较低的饲养密度对猪的生长和饲养效率的提高是有益的,但对猪舍的利用不经济。当密度增大时,局部环境温度增高,从而使猪的采食量减少;同时由于密度增大,拥挤会使猪群容易发生疾病。其次,当密度增大时,猪的争斗几率增加,群居秩序不易建立。

此外,在高密度饲养条件下猪群活动时间显著增加,而躺卧休息时间减少,致使饲料转化率下降,也就是料肉比上升。究竟多大饲养密度好呢?据观察,夏季平均每头猪应占1.2～1.25平方米,冬季以0.8～1平方米为宜。

七、"暗室静养"有利于育肥

采用暗室静养的科学技术,可避免饲料无谓消耗。暗室,有利于猪少受阳光刺激,不分昼夜地休息,吃完就睡;还可避免猪斗殴。静养,是指猪舍远离人群喧哗的地方,远离公路和嘈杂场所,保持清洁安静,有利于猪群休息。试验表明,黑暗的猪舍对于肉猪具有良好的作用,可提高饲料转化率3%和增重4%。因此,养猪专业户建猪舍时,应尽量创造黑暗环境,装上电灯。按时喂猪,打开电灯后猪就会争着采食;到一定时间,熄灭灯光,猪舍就会转入安静。

八、调圈对育肥的影响

据试验,仔猪从出生到育肥结束都饲养在同一栏圈,比断奶后转入另一个栏圈饲养,能够缩短育肥期23天。原栏饲养法还可以减少疾病和斗咬几率,节省劳动力。

以上我们详细讨论了影响"百日出栏法"的8个主要因素。在饲养过程中,应尽量满足猪的上述需要,为生猪百日出栏创造良好条件。

第八章　实施百日出栏法的基本条件

(1)育肥对象必须是长白猪×本地猪杂交所得的杂交一代猪。饲养纯种本地仔猪是无法全面达到百日出栏法的育肥指标的。

(2)仔猪挑选,应当严格按照本书介绍的经验去做。

(3)所用日粮,必须是全价配合饲料。在各阶段饲料配方中,每千克饲粮所含的能量、粗蛋白质、赖氨酸和蛋氨酸必须符合猪育肥各个阶段对营养要求。能量、粗蛋白质的含量可允许有5%误差,但赖氨酸、蛋氨酸含量的误差还应尽可能小;如不够则采用添加剂予以补足。

(4)必须掌握饲粮的配方计算和调制方法。在书中为肉猪的每个生长阶段都列举了一则饲料配方,按照这些配方配制日粮完全可以养得成功。但是,这些配方列举的饲料品种并非每个地方都有,一旦应用起来,往往缺这缺那。所以,要下功夫学会日粮的计算方法,掌握饲料互换顶替原则,做到运用自如。

(5)饲料配合时要求采用松针粉。它在饲粮所占比例为:仔猪5%,中猪10%,大猪15%。松针叶含有大量的生长激素、维生素、植物抗生素、17种氨基酸和多种微量元素,经过快速烘干或晾干后粉碎即成,是一种营养价值很高的优质饲料。笔者在广西扶绥县东门镇一位学员家作过试验,将30%的松针粉与70%的其他饲料混合喂猪,母猪喂后奶汁丰盈,产下的仔猪又肥又壮;肉猪骨架长得端正,皮毛发亮,不但增重快,而且肉质好,瘦肉率高。

(6)必须坚持科学饲喂。肥育猪的育肥方式,以"一贯育肥"(又称"一条龙育肥"或"直线育肥")为好。这种方式的特点是中期不用粗饲料"吊架子",从仔猪断奶到育肥结束,根据不同生长发育阶段对各种物质的不同需要,始终给予足够营养,充分满足需要,使猪日增重不断提高,直至体重达到90~110千克出栏。

(7)喂料必须实行干喂,或按料水比为1:1拌和湿喂。

(8)贯彻"无病早防、有病早治"的原则。坚持早、中、晚"三查"和"五看":一看食欲,二看精神,三看粪便,四看睡态,五看毛皮。

(9)防病用的药剂应预先配混于饲料中;治病注射部位选择"交巢穴",见效快,用药量要比常规量大。

(10)应当备有如下药物:青霉素G钾(或钠),硫酸链霉素,兽用硫酸卡那霉素,盐酸土霉素,盐酸四环素,氯霉素,磺胺药(磺胺嘧啶、磺胺甲基嘧啶),抗菌增效剂(三甲氧苄氨嘧啶、二甲氧苄氨嘧啶),痢特灵,复方氨基比林注射液,安及近注射液,敌百虫,盐酸左旋咪唑,硫酸阿托品,解磷定和亚甲半注射液。

(11)备有下列添加剂:赖氨酸,蛋氨酸,畜用多种维生素,干酵母,神曲(中药),钙片或骨粉,贝壳粉等。

(12)必须了解猪的生活习性。猪爱干净,进食、排泄、睡觉都有固定位置。仔猪入栏时要加以调教,做到吃、拉、睡“三角定位”(具体方法见第十四章)。

(13)必须了解猪的生长规律,抓住生长高峰期重点用料。要学会分析由饲料转化为猪肉的全过程,运用能量分配的公式:饲料生产的总能量=维持生命的能量+增加体重的能量+运动消耗的能量。尽量降低“运动消耗的能量”和“维持生命的能量”,提高“增加体重的能量”在饲料总能量中的比例。猪的生长发育与人的生长发育有类似之处,都有一个生长高峰期。必须不失时机地抓住这个时期,投足饲料,满足生猪发育所需要的各种营养物质。猪的生长高峰期在活重30～100千克之间,在这个范围内投喂营养充分的饲料,便可收到迅速增重的效果。

(14)“百日出栏法”有个出栏前20天的催肥阶段,如果能按照本书第十四章介绍的20天催肥法加以实施,虽然多开支一些饲料和药品费,但猪的日增重可高达1.5～2千克。

第九章　猪饲料营养素的功能

饲料是养猪的物质基础。为了把猪养好，必须掌握各种饲料所含的营养素及其在猪体内所起的作用。

饲料中的营养素，概括起来有6大类，即水分、蛋白质、能量、脂肪、矿物质、维生素。这些营养物质，都需要从饲料中获得。现分述如下。

一、水

水是猪体的重要组成部分。幼龄猪体内含水分70%～80%，而成年猪含55%～60%。水对维持猪的生命活动，提高猪的生产性能具有重要作用，水是各种营养物质的最好溶剂。营养物质的消化、吸收、利用，体内废物的排出，都要依靠水来进行。水还具有调节体温的功能。猪皮下脂肪厚，汗腺不发达，主要通过呼吸将肺部和呼吸道的水排出体外而带走大量的热，以调节体温。水又是润滑剂，猪的各种器官运动都需要水起润滑作用。1头猪每天需要水2～5千克。

猪体内所需水的来源，一靠饮水，二靠从饲料中获得，三靠动物本身的代谢水。其中饮水是主要来源。在生产实践中，切不能认为饲料含有水就可以不供应饮水。猪几天不吃饲料不致于饿死，但一定要供给水。哺乳母猪1天能分泌5千克左右的乳汁，如果饮水不足，会显著降低泌乳量。仔猪生长旺盛，乳汁含脂肪多，若不供应足够的饮水，仔猪就会到处找水，不管污水或尿液都喝，容易引起拉痢。所以，仔猪生后3天就要注意供应清洁的饮水。

二、蛋白质

1. 蛋白质的功能

蛋白质是细胞的组成部分，是生命的基础。它在猪体内的主要功能是：维持猪的健康，保证繁殖，促进生长发育；改进肉的品质，提高饲料转化率。在生产实践中，一定要保证蛋白质饲料的供给。

2. 必需氨基酸和非必需氨基酸

蛋白质主要由氨基酸组成，氨基酸的种类和平衡情况决定了蛋白质的质量。根据动物对蛋白质吸收利用的特点，氨基酸可分为必需氨基酸和非必需氨基酸两大类。

目前已知饲料中所含的氨基酸有25种之多。其中10种是猪生长所必需的，但猪体内却无法合成，必须从饲料中获得。这些氨基酸称为必需氨基酸，包括精氨酸、组氨酸、异亮氨酸、亮氨酸、赖氨酸、蛋氨酸、苯丙氨酸、苏氨酸、色氨酸和缬氨酸，猪缺乏其中任何一种都会显著影响生长。其他氨基酸称为非必需氨基酸，即使饲料中缺乏，也可以在体内合成，包括丙氨酸、天冬氨酸、谷氨酸、甘氨酸、羟脯氨酸、丝氨酸、酪氨酸、胱氨酸。

必需氨基酸中尤以赖氨酸、色氨酸、蛋氨酸最为重要，又最容易缺乏。猪缺乏必需氨基酸中的任何一种，会导致食欲减退，体质降低，被毛粗糙，饲料报酬下降。如果缺乏某种氨基酸发现得早，只要及时补充，就能使之很快恢复正常生长，若缺乏时间过长才予以补充，其效果就差，甚至没有效果。因此，应该特别注意猪饲料中氨基酸的平衡，并及时予以调整。

动物性饲料中的氨基酸种类较完全，一般加喂动物性饲料或添加合成氨基酸，就能实现氨基酸平衡。猪各个生长发育阶段对必需氨基酸的需要量是不同的，详见表 9-1。

表 9-1　不同发育阶段肉猪对必需氨基酸需要量(占日粮的%)

氨基酸种类	哺乳仔猪	断奶仔猪	肥育猪
精氨酸	0.37	0.25	0.15
组氨酸	0.34	0.23	0.14
异亮氨酸	0.76	0.52	0.31
亮氨酸	0.98	0.67	0.40
赖氨酸	1.08	0.74	0.44
蛋氨酸	0.73	0.50	0.30
苯丙氨酸	0.79	0.54	0.32
苏氨酸	0.66	0.45	0.27
色氨酸	0.18	0.12	0.07
缬氨酸	0.67	0.46	0.28

各种饲料中必需氨基酸的含量表，详见表 9-2。

表 9-2　常用饲料中必需氨基酸含量表(%)

饲料名称	精氨酸	组氨酸	异亮氨酸	亮氨酸	赖氨酸	蛋氨酸	苯丙氨酸	苏氨酸	色氨酸	缬氨酸
松针粉	0.27	0.14	0.33	0.54	0.43	0.34	0.44	0.29	0.09	0.4
苜蓿草粉	1.0	0.35	0.8	1.2	1.1	0.2	0.9	0.8	0.3	0.9
大麦	0.6	0.3	0.6	0.9	0.6	0.2	0.7	0.4	0.2	0.7
血粉	3.5	4.2	1.0	10.3	6.9	0.9	6.1	3.7	1.1	6.5
玉米	0.5	0.2	0.5	1.1	0.2	0.1	0.5	0.4	0.1	0.4
鱼粉	4.0	1.3	3.4	4.9	6.5	1.8	2.5	2.6	0.6	3.3
骨肉粉	4.0	0.9	1.7	3.1	3.5	0.7	1.8	1.8	0.2	2.4
肉粉	3.7	1.1	1.9	3.5	3.8	0.8	1.9	1.8	0.3	2.6
牛奶	0.1	0.1	0.2	0.3	0.3	0.1	0.1	0.1	0	0.2
花生饼	5.9	1.2	2.0	3.7	2.3	0.4	2.7	1.5	0.5	2.8
稻糠	0.5	0.1	0.4	0.6	0.3	0.2	0.4	0.3	0.1	9.5
米糠	0.5	0.2	0.4	0.6	0.5	0.2	0.4	0.4	0.1	0.6
豆饼	3.2	1.1	2.5	3.4	2.9	0.6	2.2	1.7	0.6	2.4
麦麸	1.0	0.3	0.6	0.9	0.6	0.1	0.5	0.4	0.3	0.7
棉籽饼	4.4	1.1	1.6	2.4	1.6	0.6	2.2	1.4	0.5	2.0

氨基酸被猪体吸收后,一部分合成体内各种蛋白质,另一部分脱氨基变成碳水化合物,脱去的氨随尿排出体外。蛋白质所含的必需氨基酸越完全,可以合成畜体的蛋白质越多,蛋白质的生物学价值也就越高。

从表 9-2 可知,饲料中的必需氨基酸含量有很大差异。如果在配制饲料时,把几种饲料混合应用,便可取长补短,提高饲料的营养价值,这叫做氨基酸的互补作用。例如苜蓿中的赖氨酸含量较多,蛋氨酸含量较少,而玉米中赖氨酸含量较少,蛋氨酸含量较多;如果把这两种饲料按适当比例进行混合喂猪,则饲粮中这两种氨基酸的含量将明显提高。另外,玉米与骨粉互补,小麦与豌豆互补,干草和籽实类互补等,也可收到同样效果。

蛋氨酸在猪体内能转化为胱氨酸(为不可逆的),还能参与合成胆碱。所以,饲粮中如有足够的胱氨酸和胆碱,就能减少蛋氨酸的需要量。

非必需氨基酸可以由饲料供给,也可以由机体合成,但必须有充足的氮源。所以,在配合饲粮时,还要搭配一些含粗蛋白质的饲料。

3. 影响蛋白质消化率的因素

常规配制的饲粮,蛋白质的消化率平均在80%~85%。饲料的成分与加工处理能影响蛋白质的消化率。

饲料中粗纤维含量增多,会降低蛋白质消化率。如小麦粗粉的纤维含量比小麦高1倍,小麦粉的蛋白质消化率为85%,而小麦粗粉仅70%。

饲料颗粒的大小也会影响蛋白质的转化率。饲料颗粒大,蛋白酶不能充分作用,便降低消化率。

豆类中含有抗胰蛋白酶,能限制胰蛋白酶的作用而降低蛋白质的消化率。加热(蒸煮或炒)后能使抗胰蛋白酶失去活性,从而提高豆饼的消化率。禾本科籽实和动物饲料经高温处理后,能改变蛋白质的结构,加热温度越高,蛋白质消化率越高。

三、能量

1. 能量的功能与来源

能量是饲料粮中占比例最大部分，其消耗量也是最大。通常猪采食的干物质中，大约有70%～80%用于供给能量。猪的一切生理过程，如运动、呼吸、循环、吸收、排泄、神经系统的活动、细胞的更新，以及生长、发育、妊娠、泌乳等都需要能量。多余的能量，将转变为肝脏的肝糖元和肌肉中的肌糖元贮备起来，当饥饿时机体再分解糖元供给能量；对于肥育猪，则转变成为体脂肪而提高增重。

能量的计量单位过去用“卡”表示，现用“焦耳”、“千焦”、“兆焦”。1卡就是使1克水从温度14.5℃升到15.5℃所需的热量。

换算单位如下：

1卡=4.184焦耳

1兆卡=1000000卡=1000千卡=4.184兆焦

猪所需的能量来源于三种物质：碳水化合物、脂肪、蛋白质。它们通过猪体内生物氧化过程释放能量。据外用测热器测定，这三种物质的平均热值，碳水化合物为7.36千焦/克；蛋白质为23.63千焦/克；脂肪为39.32千焦/克。

如果饲粮的能量过低，猪体就将饲料蛋白质脱基氨及氧化，供给生长所需能量，同时有20%的能量从尿中排出而损失，加上蛋白质饲料价格昂贵，故用蛋白质饲料做能量饲料是很不经济的。所以配料时要注意能量与蛋白质的比例适当，避免出现上述现象。

2. 能量在猪体内的转化

猪的日粮中各种营养物质所含能量的总和就是饲料的总能,通常用外文符号 CE 表示。饲料在猪体内经过消化,大部分营养物质被机体吸收,少量未被消化的饲料、肠道微生物及其产物、消化道分泌物和脱落的细胞等,一起形成粪便被排出体外。粪便中所含的能量叫做粪能。饲料总能减去粪能就是消化能(DE)。如果饲料中粗纤维含量过高,就会使粪便增加,饲料总利用率降低。

被吸收的养分中,有部分蛋白质在猪体内不能被充分利用而形成尿素、尿酸,从尿中排出。故尿液里也含有一定的能量,叫尿能。如果蛋白质消耗过量或氨基酸不平衡,就会使尿能增加。消化能减去尿能就是代谢能(ME)。猪的代谢能大约是消化能的 96%。

各种营养物质在发酵和代谢过程中都能产生热能,叫体增热。代谢能减去体增热就是净能(NE)。净能的一部分是维持净能(NEn), 用于基础代谢、随意活动和体温恒定;另一部分是生产净能(NEm),用于生长、育肥、繁殖和泌乳等。

四、矿物质

矿物质(在饲料学中通常以"粗灰分"来表示)是猪体组织和细胞,特别是骨骼和牙齿的重要成分。虽然只占猪体重的 3%~4%,但对猪的物质代谢、调节渗透压、保持酸碱平衡等方面都起着重要作用,对生长、繁殖、泌乳是必不可少的。它们在体内不能相互转化和代替,必须由饲粮提供。饲粮中缺乏矿物质,如果不及时添加,会影响猪的健康和正常生长,严重时甚至导致死亡。

猪所需的矿物质,按其在饲料中的浓度和所占猪体重的百分比,可分为常量元素(含量占猪体重 0.01%以上,如钙、磷、钾、钠、氯、硫、镁)、微量元素(含量占猪体重 0.01%以下,如铁、铜、锌、锰、碘、钴、硒、钼、镍)。在猪的饲粮里,有 10 种矿物质元素容易缺乏,它们是钙、磷、钠、氯、铁、锌、铜、硒、钴、镍。

1. 常量元素的主要作用及其缺乏症

(1)钙和磷:钙和磷占猪体矿物质总量的 70%,99%的钙和 80%的磷存在于骨骼和牙齿中,其余分布于软组织和体液中,参与各种代谢过程。此外,钙对维持神经和肌肉组织的正常功能起重要作用。钙、磷不足时,猪发生佝偻病,骨质疏松,跛行,食欲不振,营养不良。仔猪生长快,主要是长骨和肌肉,需要大量钙和磷。如果饲粮钙、磷不足,猪生长缓慢,骨骼发育不良,腿部弯曲,跛行,行动困难,常引起风湿症、肺炎、贫血、肠炎等并发症,严重时会导致佝偻病。断奶前后的仔猪若缺钙常发生痉挛症。育肥后期的猪若严重缺钙,常因骨盆或股骨折损而瘫痪。

妊娠母猪如果饲粮钙、磷不足,常会产下死胎,畸形和体质虚弱的仔猪。泌乳母猪每天随乳汁排出钙 15～18 克,磷 8～9.6 克;如果饲粮钙磷不足,则泌乳量减少,影响仔猪发育;更严重的是母猪只好动用自身骨中钙、磷造乳,常会引起泌乳后期骨质疏松而瘫痪。

公猪缺乏钙、磷时,精子发育不正常,会影响母猪受胎率。

猪对钙、磷的吸收利用必须具备3个条件:一是饲粮应含有足够的钙和磷;二是钙与磷的比例适当,一般以1∶1或1.5~2∶1为宜;三是要有足够的维生素D,以促进钙、磷的吸收和成骨作用。此外,日粮应避免含有过多的脂肪、蛋白质、草酸和食盐,以免妨碍钙、磷的吸收。

生长育肥猪的日常饲粮应含钙0.8%~0.5%,磷0.6%~0.4%。母猪的日常饲粮应含钙0.75%,磷0.5%,如果采食量低,带仔猪多或泌乳量高时,应增加钙和磷含量。妊娠期和泌乳期的钙、磷比例以1.5~2∶1最适宜。

(2)钠和氯:食盐的正名叫氯化钠,是猪体必须的矿物质。它的主要作用:一是促进消化,增加食欲,改善适口性。有人试验,猪喂添加食盐的配合饲料比不添加食盐时采食量增加23%,日增重提高1倍,节省饲料33%。二是组成血液及体液的重要成分,对维持体液浓度有很大作用。猪大量出汗,盐分随汗排出;如果食盐补给不足,可导致猪体内缺盐失水,血液变浓,血压降低,甚至昏倒。此外,钠对神经传导、肌肉收缩、心脏跳动和肠道蠕动等,都有很大影响。缺钠会使大脑和心脏的活动发生障碍。因此,日粮中必须含有足够的食盐。

食盐的喂量是:每100千克混合料加0.5~1千克盐。如果饲粮中已有咸鱼粉、酱渣之类,应根据其含盐量的多少,计算咸鱼粉、酱渣等的给量,以免发生食盐中毒。不同类型的猪在不同生长阶段,对食盐的需要量是有差异的,详见表9-3。

表 9-3　猪对食盐需要量参考值

猪的种类		猪体重(千克)	每日每头需食盐(克)
仔猪		1～5	0.5
		5～10	1.2
		10～20	2.1
生长育肥猪		20～35	4.6
		35～60	6.6
		60～90	8.5
后备母猪	小型	10～20	3.6
		20～35	4.8
		35～60	6.8
	大型	20～35	5
		35～60	7.2
		60～90	8.4
种公猪		小于 90	5
		90～150	69
		150 以上	8.2
妊娠前期母猪		小于 90	4.3
		90～120	5.3
		120～150	6
		150 以上	6.4
妊娠后期母猪		小于 90	6.7
		90～120	7.3
		120～150	8
		150 以上	8.4
哺乳母猪		小于 120	21
		120～150	22
		150～180	22
		180 以上	23

给猪群喂的食盐,要求不含杂质。先将食盐碾碎或用水化后再与其他饲料均匀拌和,以免混合不匀,少数猪吃得过多造成食盐中毒;而一些猪吃得少,则食欲减退,体质衰弱,还可能发生异食现象,严重时甚至死亡。如果饲料中已有足够酱渣或咸鱼等,可不必另加食盐。

(3)镁:75%的镁存在于骨骼中,具有维持神经系统生理功能的作用。猪患镁缺乏症时,肌肉颤搐,厌恶站立,四肢搐搦。镁在植物饲料中含量丰富,特别是麦麸、米糠、棉籽饼中较多。因此,猪的日粮中不必添加镁制剂。

(4)钾:钾是细胞内的主要碱性离子,具有维持细胞渗透压和调节酸碱平衡作用,与碳水化合物代谢有关。如缺钾,猪后肢僵硬,有异食癖,嗜眠、昏迷等。

(5)硫:主要存在于蛋氨酸等含硫氨基酸中,与碳水化合物代谢、胶原和结缔组织代谢有关。如缺硫,会引起生长率下降。

2. 微量元素的主要作用及其缺乏症

(1)铁、钴、铜:铁是红细胞中血红素的原料,铜和钴能促进红细胞的形成。猪缺乏这3种元素时,血液中血红素含量下降,会引起营养性贫血症。

哺乳仔猪易患缺铁症,因为仔猪本身贮备量不多,母猪乳汁中含铁量很低,每日只能供给1毫克,而哺乳仔猪正常生长日需铁量约为7毫克。为了避免哺乳仔猪患缺铁贫乏症,在饲料中可直接补给硫酸亚铁,或给出生3天内的仔猪每天肌注2毫升富来血或血铁素。

猪体内80%的铁组成血红蛋白,因此,可通过血液中血红蛋白的含量来判断仔猪缺铁情况(见表 9-4)。

表 9-4 仔猪血红蛋白含量及表现

100 毫升血液中血红蛋白含量	表 现
10 克以上	生长良好
9 克	铁的最低需要
8 克	贫血临界线,需补铁
7 克以下	贫血,生长受阻
6 克以下	严重贫血,生长显著减慢
4 克以下	严重贫血,开始死亡

缺铜也会发生贫血症。铜对猪还有刺激生长的作用,主要能使肠道内微生物中好气性菌、厌气性菌、乳酸菌、链球菌的数量减少,而使大肠杆菌、霉菌、酵母菌数量增加。因此,可以认为铜具有抗微生物的作用,能促进猪生长发育。

硫酸铜的补饲适宜量为每千克饲料 125～250 毫克,在实际配合饲料中,以添加 250 毫克为佳。有人作过试验,在每千克饲料中加入 250 毫克的硫酸铜,猪的生长速度比对照组提高 17.4%,饲料报酬提高 16.9%。但配合过量对猪生长也不利。在育肥猪活重超过 57 千克才补充硫酸铜,效果会下降。

钴是维生素 B_{12} 的组成部分。当饲粮中维生素 B_{12} 不足时,补充钴盐能提高增重和饲料利用率。每千克饲粮添加钴量为 0.1 毫克左右。缺乏钴时,猪食欲不振,精神萎靡,幼猪生长停滞,消瘦,母猪易流产、产弱仔。

(2)锌:锌是许多金属性酶类的激素、胰岛素的构成成分,它参与蛋白质、碳水化合物和脂类的代谢。锌对促进生长和防止非常规角质化病有良好效果。如果缺锌,猪将出现皮炎、结痂、脱毛、腹泻、生长停滞、体重减轻现象。生长猪对锌的最低需要量为每千克日粮含46毫克。一般在配合饲料中加0.04%的硫酸锌,基本上能满足猪的需要量。对因缺锌而引起的僵猪,可在饲料中加0.02%硫酸锌,1周后猪就恢复正常。

一般南方的植物饲料不缺锌。石灰岩地区易缺锌,需要在每千克日粮中补充50～100毫克硫酸锌。

(3)锰:锰是机体中许多酶的激活剂,与碳水化合物和脂肪代谢有关,能促进猪的生长发育。缺乏锰时,猪的骨骼生长异常,脂肪和瘦肉率发生变化,母猪不发情或性周期紊乱,乳腺发育不良,胎儿被吸收或出生仔猪体弱。每千克日粮(干物质)含锰量达1.5毫克时,猪能正常生长,低于0.5毫克时,猪就出现生长异常。青饲料、米糠等含锰量很高,在喂青饲料较多的条件下,一般不会缺锰。

(4)碘:碘为甲状腺素成分,与基础代谢率密切相关,参与所有物质的代谢过程。饲料中缺碘时,猪会出现甲状腺肿大,妊娠母猪产生死胎或浮肿虚弱的无毛仔猪。妊娠母猪每千克体重需碘4.4微克,生长猪略低。一般每千克饲粮含0.2毫克碘可满足猪的需要。在土壤缺碘地区,可在母猪分娩前12周内喂给含0.02%碘化钾的食盐(即100千克食盐加碘化钾20克)。必须注意,喂过量的碘盐或长期连续喂碘盐是有害的。

(5)硒:硒是谷胱甘肽过氧化酶的重要成分。缺硒时,猪体谷胱甘肽酶活性下降,血清转氨酶、乳酸脱氢酶和肌磷化激酶可能因组织被破坏而上升,猪突然死亡,剖检骨骼苍白萎缩

(白肌)是缺硒的明显特征。猪对硒的需要量很少,每千克日粮中含硒 0.1～0.2 毫克即可满足要求。生长猪每日给硒量达到 7.5～10 毫克时会出现中毒症状,表现厌食,皮毛不全,肝脂肪浸润,肝、肾变性和肿胀。

某些地区土壤中缺硒(特别是华北、东北),仔猪会发生白肌病,饲粮中必须添加硒。

(6)镍:镍在核酸和蛋白质代谢中起重要作用,在细胞膜的结构和功能方面也起一定的作用,还能影响其他元素的代谢。饲料中缺镍时,猪增重慢,发情延迟,初生仔猪死亡率增高,部分哺乳仔猪产生硬壳皮肤症、骨组织中含钙量减少。猪对镍的需要量较大,约在 0.1 毫克/千克以上。镍没有毒性,但猪摄食过量会出现贫血症和体重减轻。

五、维生素

维生素是一类需要量很少但却为猪生长发育、繁殖和维持健康所必不可少的有机化合物。在猪体内有些维生素可由食物中的其他成分来合成,如尼克酸可由色氨酸转化而来。

根据其溶解特性,可分为脂溶性维生素和水溶性维生素两大类。

脂溶性维生素包括维生素 A、维生素 D、维生素 E、维生素 K、水溶性维生素包括维生素 B_1、维生素 B_2、维生素 B_3、维生素 B_4、维生素 B_5、维生素 B_6、维生素 B_7、维生素 B_{11}、维生素 B_{12}和维生素 C。

有些物体本身并不是维生素,但它在体内经转化即成为维生素,这些物质叫维生素前体或维生素原。如胡萝卜素,本身并没有维生素 A 活性,但在猪体内经化学变化即可转化成维生素 A。

要确定猪对维生素的确切需要量是比较困难的,因为难以知道其体内的贮存情况。实际上,维生素的供应量总是按足以防止缺乏症的剂量供给。如猪摄入某种维生素过多,就会患维生素过多症。当然一般是不会出现这种情况的,除非在混合饲料中计算错误,或混合不匀。饲喂青绿多汁饲料和动物性饲料可以防止维生素缺乏症。

六、脂肪

脂肪是一种由碳、氢、氧元素构成的化合物,主要作用是产生热能。每克脂肪可产生 9.4 千卡热能,比等量的碳水化合物高 2.25 倍。

当饲料日粮中含脂肪率不足 0 .06%时,猪往往会产生典型性脂肪缺乏症,尤其是白毛猪比较敏感,出现鳞片皮屑的皮炎,脱毛,颈部和肩部皮肤坏死,精神不振,性成熟延迟等症状。但用含脂肪量超过 6%的日粮喂猪,易患脂肪性下泻和消化不良等症。育肥猪体脂肪沉积过多,胴体脂肪将变软,商品价值下降。

脂肪中的 18 碳二烯酸(亚麻油酸)、18 碳三烯酸(次亚麻油酸)及 20 碳四烯酸(花生油酸),均对猪有重要作用。这 3 种不饱和脂肪酸在猪体内不能合成,必须由饲料提供,称为必需脂肪酸。它们是构成蛋白质和激素的重要成分。

第十章　猪的常用饲料

饲料是猪快速育肥的基础。国内外畜牧营养科学研究表明,在提高饲料报酬的诸因素中,改进饲料占40%,改善饲料技术占26%,培育良种占15%,健康状况占10%,其他占9%。在养猪成本中,饲料占80%,人工占15%,其他占5%。因此,必须重视科学利用饲料。

一、饲料新分类法

过去饲料分类常用的方法有:按饲料的来源分为植物性饲料、动物性饲料、矿物质饲料;按饲料的本质分为籽实饲料、稿秕饲料、块根块茎饲料与青饲料等;按调制加工方法分为青干草、青饲料和发酵饲料等。以上各种分类方法均有其实用价值,但是随着畜牧业和营养科学的发展,特别是应用电子计算机计算畜禽日粮配方的推广,不但要求饲料分类法现代化和科学化,还要求采用标准编号以建立饲料数据库。

为了适应上述需要,美国学者哈力士于1963年首创了饲料新分类法与标准编号法,获得联合国粮农组织(FAO)的赞同以及加拿大、澳大利亚、德国等国家的支持和协作,新近出版的《美国饲料成分表》就采用这种方法,收集的饲料达6152

种。我国也将推广这一新分类法。

新分类法是根据饲料的营养特点,将饲料分为下列8类:

(1)青干草与稿秕饲料:凡饲料干物质含粗纤维18%以上、单位重量含净能值很低的饲料均属此类。其中包括干草、稿秆、秕壳、荚壳等。此类饲料宜喂反刍动物即牛、马、羊。

(2)青饲料:一切草地牧草和青饲料均属此类。该饲料青绿细嫩,含水分多,可供放牧,也可刈割后直接饲喂畜禽。它含粗纤维和木质素比干粗饲料少,胡萝卜素较多。按干物质计算,其蛋白质含量也比较丰富。

(3)青贮饲料:凡用青贮方法保存的饲料,均为青贮饲料。包括玉米秆青贮、豆科饲料青贮和草类青贮。

(4)能量饲料:凡饲料干物质中粗蛋白质(N×6.25)含量低于20%和粗纤维含量低于18%的均属此类。包括谷类籽实、磨面副产品、水果、坚果核、甜菜糖蜜、甘蔗糖蜜、块根及块茎饲料。

(5)蛋白质饲料:凡饲料干物质中蛋白质(N×6.25)含量大于20%的均属此类。包括动物性饲料和禽类产品、海产品、乳类、豆类籽实以及单细胞蛋白质和非蛋白氮如尿素等。

(6)矿物质补充饲料:包括食盐、骨粉、石粉、贝壳粉、过磷酸钙和微量元素制剂等。

(7)维生素补充饲料:维生素A、维生素D_2或D_3、多种维生素、复方维生素B溶液等均属此类。

(8)添加剂:包括抗生素、抗氧化剂、乳化剂、缓冲剂、色素、香料、激素、药物等。下面,根据百日出栏法常用的饲料,按常规分类法加以介绍,主要阐述其营养特点和喂饲用量。

二、能量饲料

这类饲料含能量高，每千克饲料干物质消化能 2 500 千卡以上。一般分为四类：谷实类、块根块茎和瓜类、糠麸类、糟渣类。

1. 谷实类

谷实类包括玉米、高粱、大麦、小麦、稻谷等。特点是粗纤维含量低，体积小，适口性强，碳水化合物在 70% 以上，容易消化，蛋白质含量低，一般为 8%～12%，赖氨酸、蛋氨酸和色氨酸大都缺乏或含量很低。在配合饲料时必须注意这点。脂肪含量差异很大，有的不到 1%，有的在 6% 以上。含钙低，含磷高（但都属植物酸磷，猪对植物酸磷的利用率很低）。除黄玉米外，其他谷实含胡萝卜素极少，缺少维生素 A、D，含有一定的 B 族维生素。用谷实类饲料喂猪时，都应注意配合蛋白质饲料，添加矿物质和维生素饲料。

（1）玉米：玉米所含的能量高（消化能为 3300～3500 千卡/千克），消化率高，产量也高。故有人称它为“饲料之王”。

玉米含淀粉多，而蛋白质少，特别是赖氨酸和色氨酸不足；钙少，磷比其他谷物少，黄玉米含胡萝卜素较多。所有品种含维生素 D 都少；含硫胺素多，核黄素少，烟酸更少。玉米是畜禽较好的饲料，特别适宜于肥育猪。以玉米粉饲喂的消化率比喂整粒籽实高。配合饲料中玉米最高用量不宜超过 50%～60%。

以玉米为主要饲粮喂猪时，要注意以下两个问题：一是玉米的脂肪含量在4%以上,大部分由不饱和脂肪酸组成,单一饲喂会使猪肉脂肪变软,影响肉质,所以,玉米必须同别的饲料(如豌豆或大麦等)混合饲喂。育肥后期更是如此。二是玉米中蛋白质的营养不全面,特别缺乏赖氨酸、色氨酸,应当配合其他优质蛋白质饲料,如鱼粉、豆饼、花生麸等,以补充氨基酸不足。在喂仔猪和妊娠母猪时,更要注意这一点。

在限量饲喂的情况下,玉米必须粉碎,否则因猪抢食,咀嚼不细会发生漏料现象。粉碎成中等细度为宜(颗粒直径1.2~1.8毫米),这样适口性好,猪采食量多,生长快,不易患胃肠溃疡病。如粉碎过细(颗粒直径1毫米以下),则适口性降低,易患胃肠溃疡病,采食量少。小麦、大麦、高粱的粉碎程度等亦以粒径1.2~1.8毫米为宜。

玉米脂肪含量高,容易酸败变质,粉碎后不宜久贮。高温季节一次粉碎量以7~10天喂完为宜;否则,玉米脂肪易变质而呈苦辣味,适口性降低,维生素A原、维生素E也被破坏。

(2)稻谷:南方普遍用稻谷喂猪,北方的水田区用稻秕喂猪较多。稻谷和稻秕喂猪前必须粉碎为细粒,稻谷含淀粉较多,含粗蛋白8%,无氮浸出物63%,但粗纤维含量达10%左右。稻谷的营养价值近似大麦,为玉米的85%。在饲粮中稻谷可占25%~50%,这样喂猪可以获得良好的育肥效果。

(3)大米:其能量相当于玉米的80%,含脂肪较多,胡萝卜素含量较低。在猪日粮中的掺用量以不超过25%~50%为宜。

(4)高粱:高粱的营养成分和玉米相似,但实际饲用价值相当于玉米的90%。高粱品质较低,有些品种单宁较多,带苦味,适口性差。不含维生素A原和维生素D,B族维生素含量同玉米差不多。高粱的赖氨酸、苏氨酸等必需氨基酸含量都低,应与优质蛋白质饲料混合。高粱也缺少胡萝卜素,应搭配苜蓿干草粉等补偿胡萝卜素的不足。高粱含有较多的单宁,如饲喂过多,猪会发生便秘。仔猪和肉猪饲粮中适当搭配10%~15%的高粱,可减轻拉稀现象。

在限量饲喂条件下,高粱必须粉碎,否则漏料率可达10%。用水浸泡高粱,不论是整粒还是粉碎的,均不能提高其饲用价值。

(5)大麦:饲用价值相当于玉米的90%。因为有硬壳,饲喂前必须粉碎。据试验,粉碎比整粒喂可提高利用率18%。粗蛋白质含量(10%~12%)比玉米高,亦属于非全价蛋白质饲料;脂肪含量低(2%);缺少钙、维生素A原、维生素D、维生素B_2,但尼克酸比玉米高3倍。高粱在猪饲粮中最大掺用量为20%~25%。

(6)荞麦:虽不属禾谷类,但其营养成分与谷物相似。其粗纤维含量高,适口性也低于其他谷类。荞麦在配合饲料中,最大掺用量为33%。

2. 块根块茎和瓜类

这类饲料主要有木薯、甘薯(即红苕、红薯、地瓜)、马铃薯、胡萝卜、甜菜、南瓜等。它们的干物质有许多淀粉和糖,含消化能高,均属能量饲料。

这类饲料总的特点是鲜料含水率75%~90%,干物质少。在干物质中碳水化合物占50%~75%,粗纤维含量低。如果日粮中掺用大量根茎类和瓜类饲料时,应注意添加钙和磷。根茎含钾比钠多,喂时可补加一些食盐。维生素C、维生素B族(如硫胺素、核黄素和尼克酸等)及胡萝卜素含量较多。

根茎类和瓜类饲料,平均每千克干物质的营养价值相当于0.5千克精料。特点是适口性好,消化 率高,但喂猪时要与蛋白质饲料、维生素饲料及矿物质饲料配合,才能取得良好效果。

块根块茎和瓜类饲料,单位面积产量高,土地利用率高,充分利用土地种植这类饲料,有利于调剂猪的日粮,解决猪饲料供应问题。这类饲料鲜品含水分多,不易贮存,宜实行青贮,常用的品种如下。

(1)木薯:作饲料营养价值高,木薯干粉含碳水化合物82.2%,比稻谷、玉米、小麦分别高17.8%、11.4%和11.2%;含消化能13.38~14.22兆焦/千克,是一种高热能饲料,完全可以代替部分谷物饲料养猪。据试验,在猪生长期内,木薯占饲料50%~70%,对生长无不良影响。据广东省对兼用型、瘦肉型猪试验,利用部分木薯作饲料(掺用量为10%~30%),猪活重为20~90千克,饲养期110~130天,平均日增重量达500~600克,肉料比为1:3.7~4,猪的食量及屠宰后胴体瘦肉率、肉质、肉味等均正常。木薯叶更是猪的好饲料,鲜叶含粗蛋白质4.7%、粗脂肪2.5%、碳水化合物13.5%,比豆料作物紫云英分别高1、1.3和8个百分点;其粗蛋白质相当于象草的2倍。

要充分利用木薯作能量饲料,必须考虑几个问题:一是木薯每年收获1次,而猪饲料需要长年均衡供应,这就需要收获后迅速晒干，贮藏于干燥处，以免发霉变质。二是木薯含淀粉多，粗纤维仅占2.2%，要是日粮中掺用量超过10%时，适口性稍差，猪采食时有粘口现象。为此，应当在日粮中添加部分粗纤维较多的饲料，如米糠、松针粉、麦麸或稻谷粉，以提高适口性。三是木薯干片粉含粗蛋白质仅2.5%，比稻谷、小麦、玉米分别少5.4、8.9和6.1个百分点；特别是赖氨酸、色氨酸、蛋氨酸等必需氨基酸的含量都比稻谷、小麦、玉米低得多。因此，在加大木薯用量时，要注意配合一定量的蛋白质饲料，还应考虑添加赖氨酸、蛋氨酸等，以保持配合饲料中氨基酸的平衡。

(2)红薯：红薯是常用的猪饲料，南北方都能种植，产量高，每亩可青刈薯秧0.75万～1.25万千克，收获薯块2500千克。

红薯含水分70%～75%，比同类饲料低。淀粉含量高，粗纤维少，以干物质计算时的能量高，粗蛋白质含量低。据测定，红薯粉干物质含量88%，含消化能14.18兆焦/千克，粗蛋白质1.5%，粗纤维3.8%，是较好的能量饲料。据分析，每千克鲜红薯中含干物质344克，消化能5.18兆焦，粗蛋白质14克，钙0.8克，磷1.2克。根据饲养标准规定：60～90千克的肥育猪，日增重1千克需消化能49.57兆焦，可消化粗蛋白质102克，粗蛋白质13.6%，钙0.44%，磷0.35%。由此可见，红薯的营养成分不全面，不能单独作为育肥猪的饲料。以红薯为主要饲料的地区，在配合猪饲粮时要注意添加蛋白质、维生素和矿物质等饲料，以保证营养平衡。

(3)胡萝卜：胡萝卜适应性强，在我国南北方均可种植。

它含有丰富的胡萝卜素,在冬春季节是青饲料和维生素的重要来源。胡萝卜含粗蛋白质和糖分较多,能调剂饲粮的适口性。

胡萝卜素对仔猪的生长,母猪的发情、妊娠和泌乳,公猪的精液品质改善都有良好的促进作用。胡萝卜不要煮熟喂,以免破坏维生素,胡萝卜叶也是猪的好饲料。胡萝卜可以窖藏或青贮,保存到翌年春季。

(4)马铃薯(土豆):北方地区栽培马铃薯产量较高。新鲜马铃薯含水分80%左右,干物质中含淀粉70%~80%,粗蛋白质和钙、磷含量低。马铃薯的幼芽有龙葵碱,能使猪中毒,喂猪前必须把芽除掉。贮藏马铃薯要求避光、低温,以免发芽。马铃薯熟喂比生喂能提高消化率。煮熟后,沥去水分,放凉后即应喂猪。如放置过久容易变酸变馊。

(5)蕉藕:又名借芋、芭蕉芋。属昙花科,一年生草本。干蕉藕含水分7.5%,粗蛋白质4.7%,粗脂肪0.7%,粗纤维4.5%,无氮浸出物77.5%,粗灰分5.1%。蕉藕地下茎富含无氮浸出物,是优良的多汁饲料。地上茎叶霜冻前刈割可作青饲料。

刈割后盖上稻草或麦秆保温,留待春季收取地下茎,一般不会腐烂,产量反而提高。地下茎收取后,可选择高燥阴凉处,用沙土掩埋贮藏。它可直接用作猪饲料,也可以加工提取淀粉渣喂猪。茎叶可切碎发酵喂猪,也可切短青贮。蕉藕是多淀粉饲料,喂公母猪及仔猪时,应补充蛋白质饲料,并搭配其他饲料。

3. 糠麸类

稻糠、麦麸、高粱糠产量高，谷糠、稗糠产量较低，糠麸类因制米制面加工工艺不同，其营养成分变化大。糠麸类共同特点是粗蛋白质含量高于谷类(多为10%～16%)，粗纤维多(10%～25%)，无氮浸出物少于谷粒，钙少，磷很丰富，但以植酸磷为主，不能被猪有效利用，维生素E丰富，B族维生素亦比谷粒多。总的来说，糠麸类的能量和消化率低于谷粒，但体积较大，有利于满足猪的饱腹感，蛋白质、矿物质和维生素等营养优于谷粒，是喂猪的好饲料。

(1)米糠：米糠是糙米加工成白米时分离出来的种皮、糊粉和胚乳的混合物，米糠的营养价值取决于加工的方式和程度。加工的大米越白，则胚乳中的物质混入米糠越多，米糠的营养价值就越高。

优质米糠含粗蛋白质12%～13%，脂肪13%，粗纤维13%，钙0.1%，磷1.3%，B族维生素丰富，每千克鲜米糠含消化能3000～3200千卡。用米糠喂肉猪，掺用量在30%以下时，其饲用价值相当于玉米；用量超过30%时，其饲用价值降低，并会产生低品质的软肉脂。给体重35千克以下的幼猪喂米糠过多会引起下痢。脱脂(即压榨出油后)制成的米糠饼，消化能约为2500千卡/千克，是猪的好饲料。

米糠含核黄素约2.6毫克/千克，仅次于麦麸。米糠的磷钙比例不合适，约为1:22，而且大部分磷是以植酸磷的形式存在，不能被猪消化利用。另外，米糠中的不饱和脂肪酸含量较高，容易氧化变质，不耐贮存。

米糠有多种，其营养价值不同：

大糠:指砻谷机把稻谷脱下的粉状稻壳。其营养价值低,猪难于消化,不能直接单纯作猪饲料。

玉糠和米皮糠:是砻谷后产生的糙米在精碾过程中所得的副产品,属高能量饲料,其消化能接近玉米,粗蛋白质含量高于玉米。在配合饲料中的用量可达25%~30%。

统糠:系由玉糠与大糠混合而成。

三七糠:由三成玉糠、七成大糠混合而成。

二八糠:由二成玉糠、八成大糠混合而成。其营养价值低,在猪日粮中只能占6%~8%。

农村大部分采用出米机把稻谷直接加工成大米,同时产生米糠,其中含大糠粉、玉糠和碎米,每100千克稻谷可加工得25~27千克直出糠,其营养价值略低于玉糠。

(2)麦麸:因面粉加工工艺不同,麦麸成分有差异,一般来说,麦麸含粗蛋白质15%~16%,粗脂肪4%~5%,粗纤维13%,钙0.12%,磷1.32%,B族维生素较多。麦麸适口性好,具有轻泻性,很适宜作种猪饲料。妊娠和泌乳期母猪,饲粮中麦麸可占20%~25%,超过30%会引起粪便软化。仔猪也喜欢吃麦麸,但喂量不宜超过10%;在肉猪饲料中以不超过20%为宜。

(3)高粱糠:含粗蛋白质10%左右,粗纤维7%~24%,含有较多单宁,适口性差,如喂过多猪易便秘。饲用价值约为玉米的一半。种猪饲料中,高粱糠可占25%~50%,但需补充蛋白质和青绿多汁饲料。给仔猪饲粮加入5%、肉猪饲粮加入10%高粱糠,能防止或减轻下痢。

4. 糟渣类

在谷物供应不足的情况下，应充分利用糟渣类饲料，包括酒糟、淀粉渣等。

(1)酒糟：指采用玉米、大米、高粱等谷物制酒后的残渣，其风干物含粗蛋白质20%～25%(但其品质较差)，B族维生素丰富，但缺少维生素A原和维生素D，缺钙，并有残留的乙醇(酒精)。

酒糟主要作为育肥猪饲料，猪爱吃。但长期多量单一喂酒糟，肉猪将生长发育不良，严重时会引起中毒死亡。

(2)淀粉渣：制作粉条和淀粉的原料主要有玉米、甘薯、木薯、马铃薯、绿豆和小绿豆。淀粉渣干物质的主要成分为碳水化合物，几乎不含蛋白质，钙、磷等元素也很少，几乎不含维生素A原、维生素D和B族维生素。故宜作能量饲料，一般用鲜品喂；干燥后也可掺入配(混)合饲料中，幼猪喂干粉渣不宜超过日粮的30%，大中猪不宜超过50%。大量用淀粉渣喂猪时，应搭配蛋白质饲料和青饲料，否则猪产仔弱小，出现死胎、畸型仔猪，产后泌乳少，仔猪发育不佳；肉猪增重不快。

淀粉渣含水分多，容易腐败，生产旺季可多喂，产量小时可晒干。薯类渣泻性较强，最好煮熟喂猪。

三、蛋白质饲料

蛋白质饲料分为植物性蛋白(如黄豆、黄豆饼、棉籽饼、菜籽饼、豌豆、蚕豆、苜蓿种子等)和动物性蛋白(如鱼粉、血粉、骨粉、蚕蛹、蚯蚓、蜗牛、蝇蛆、全乳、脱脂乳、奶粉等)饲料。它们的干物质含粗蛋白质20%以上,含粗纤维18%以下。

1. 植物性蛋白质饲料

(1)黄豆:富含蛋白质和脂肪,粗纤维少,为品质最佳的植物性蛋白质饲料之一,但其钙、磷、胡萝卜素和维生素D、硫胺酸、核黄素含量少。鲜籽实中含有一些抗营养因子,如抗胰蛋白酶、血球凝集素、皂角苷和脲酶等,故影响营养价值。当炒到八成熟便可破坏这些抗营养因子的有害作用。黄豆在猪日粮中的用量宜为10%以下。

(2)豌豆:脂肪和蛋白质含量均低于黄豆,特点是蛋氨酸更少,但含磷量较多。在猪日粮是的用量一般不超过10%;若能与鱼粉配合,效果较好。

(3)蚕豆:营养成分、价值与豌豆相同。据国外资料报道,生长猪用量以不超过日粮的20%、种猪以不超过10%为宜。

(4)苜蓿种子:其营养价值因混入杂草种子的多少而异,优质种子含蛋白质和脂肪多,但适口性差,使用时应予粉碎,并配合适口性好的饲料。其用量不宜超过饲料蛋白质总量的1/4。

(5)豆饼:豆饼又叫大豆饼、黄豆饼,是猪主要的优质蛋白质饲料之一。含粗蛋白质41%以上,赖氨酸含量为2.7%,粗纤维低于3%~7%。与玉米、高粱、木薯配合使用能大大提高饲粮的蛋白质生物学价值。豆饼内一般都残留有4%~6%的油脂,故消化能也高。

豆饼味香,适口性好,但喂过多会引起腹泻并造成浪费。一般喂量最好占蛋白质总量的1/3以下,以使饲料中蛋白质平衡为宜。

(6)花生饼:也叫花生麸,营养价值与豆饼相似,可完全取代豆饼。不带壳加工的花生饼,含粗蛋白质41%以上,赖氨酸含量低而精氨酸含量高,粗纤维低于7%。钙、磷不足,且比例不当。胡萝卜素和维生素D少。花生饼亦含抗胰酶物质,加热至120℃便可消除其危害作用。

花生和花生饼都易感染黄典霉菌,产生致癌的黄曲霉毒素。另外,花生饼含油量较高,高温季节容易变质。所以,花生饼不宜长期贮存,最好是使用新鲜的。其用量应占饲料中蛋白质总量的15%以下。由于花生饼中赖氨酸和蛋氨酸含量低,与动物性蛋白质等配合使用比单一使用效果更好。

(7)棉籽饼:棉籽饼是带壳棉籽榨油后的副产品,含粗蛋白质22%～60%,脂肪1%～7%,赖氨酸1.59%,蛋氨酸和胱氨酸为1.1%。胡萝卜素和维生素D均少,而硫胺素多,钙少磷多。因含棉酚和其他色素而多呈深黄色。棉酚对单胃动物有毒,为了防止猪中毒,可将棉籽饼放在2%石灰水(1千克石灰水配49千克水)中浸泡一昼夜,然后用清水洗净。也可以用化学方法测试棉籽的浓度,然后用同样浓度的硫酸亚铁,充分混合后喂猪;或蒸煮2～3小时后才拌其他饲料喂用。按有关规定,喂猪的棉籽饼中棉酚含量应在0.04%以下,用棉籽饼喂猪时一般不应超过日粮的10%,同时补充钙和胡萝卜素;如提高到20%,则连喂1个月后应停喂1个月。

(8)菜籽饼:菜籽饼是油菜籽榨油后的副产品。粗蛋白质的含量为32%～36%,其氨基酸比较完全。与豆饼相比,蛋氨酸含量略高而赖氨酸稍低,磷高1倍,硒高7倍,胆碱高1.4倍,叶酸高2.2倍,烟酸高4.5倍,核黄素亦略高。

菜籽饼含有毒的芥子硫苷,能使甲状腺肿大,在榨油前用100℃高温处理菜籽,或把菜籽饼蒸煮均可以去毒。不同品种的菜籽饼含毒量不同。白菜型的比芥菜型和甘蓝型的含毒量低,应提倡推广栽种含毒低的油菜品种。为了预防中毒,在喂猪时要控制喂量:生长猪以占日粮的7%以下为宜,最高不超过10%;泌乳猪和怀孕母猪以3%以下为宜。菜籽饼与鱼粉或花生饼配合使用,可以使氨基酸互补,提高蛋白质的生物学价值。

(9)向日葵籽饼:其营养价值与豆饼相似,含粗蛋白质31.5%~40%,赖氨酸少而蛋氨酸含量高。带壳榨的粗纤维占22.6%,不带壳榨的在10%以下,粗脂肪含量高。B族维生素丰富,烟酸、硫胺素、核黄素都较多,钙、磷含量也较高。其取代豆饼喂猪,用量应占日粮的25%以下。向日葵籽饼与豆饼或动物蛋白质配合使用效果较好。

(10)豆腐渣和酱油渣:都是豆类加工的副产品,渣内残留很多蛋白质,干物质中粗蛋白质含量为19%~29.8%。鲜豆腐渣含水80%以上,晒干后粗蛋白质含可达15%。酱渣含水50%左右,不易保存。为了破坏其中的抗胰蛋白酶,饲喂前应煮熟。酱渣含盐7%~8%,不可多喂,以免引起食盐中毒。

2. 动物性蛋白质饲料

这类饲料的共同特点是:粗蛋白质含量高,通常占干物质的55%~85%,品质好;除乳品及其加工副产品外,碳水化合物的含量均少,且不含粗纤维,消化率高;矿物质含量多,比例适当,利用率也较高;脂肪含量差异较大,如脱脂乳和血粉含量较少,蚕蛹的脂肪含量较多,故蚕蛹用量不宜过多,而且不宜长期保存。只有动物性蛋白质饲料含有维生素B_{12},而且含量丰富。

动物性蛋白质饲料在猪的日粮中用量虽然很少,但可提高日粮蛋白质的生物学价值,饲料报酬也相应改善,生产成本下降。

(1)鱼粉;鱼粉为最常用的动物性蛋白质饲料,因原料加工方法不同,分为淡鱼粉和咸鱼粉,其蛋白质含量及其饲用价值也不同。国产的淡鱼粉含粗蛋白质50%左右,秘鲁鱼粉达65%;国产的咸鱼粉含粗蛋白质35%左右。鱼粉的最大特点是氨基酸齐全、比例适当,尤其是胱氨酸、蛋氨酸和赖氨酸较多,B族维生素特别是B_{12}极为丰富,含钙、磷、铁、锰等亦多。在饲料中搭配少量鱼粉能显著提高饲料的营养价值。据试验,在母猪饲粮中添加5%鱼粉能明显提高泌乳量,哺乳仔猪补料添加6%鱼粉能刺激食欲,提高断奶体重;生长猪饲粮加5%～6%鱼粉能促进增重,提高饲料利用率。

购买鱼粉时要注意商品真伪。近年来,市场上有人用米糠拌尿素并浇鱼腥水充当鱼粉出售。如用这些假鱼粉喂畜禽,会影响食欲,容易下痢,发育停滞,有的因食盐中毒而死亡。识别真假鱼粉的方法是:好鱼粉手摸感到质地柔软、细腻无杂质;鼻子嗅有鱼粉固有的腥气味;色泽呈绿色或深绿色,放入碗里加水搅拌后,用手摸碗底无沙质。掺假的鱼粉,手摸感到粗糙,口尝、鼻嗅有一股较浓的咸味,肉眼可见掺有贝壳粉、烤鱼头粉,色泽较白;掺有砻糠粉、麦麸、稻草粉的假鱼粉,质轻较软,用手捧一撮由上而下慢慢放掉,糠粉、稻草粉等就随风飘走;放在水里搅拌检查,若是假鱼粉就很快下沉,用手摸感到水下沉有大量泥沙或其他杂质。鱼粉掺尿素的简易测定方法:取20克鱼粉样品,放入体积150毫升的三角瓶中加水50毫升,加上瓶塞用力振荡2～3分钟后过滤。然后取过滤液5毫升装入20毫升试管,试管内放1支300℃的温度计,将试管用试管夹夹住放在酒精灯上灼烧。如鱼粉中掺有尿素,待温度升到190℃时(此液体已烧干),可嗅到刺鼻的氨气味,同时把用水浸湿的pH试纸放入管口,试纸立即变成蓝色(pH达14)。如测定的样品中无尿素,则不产生刺鼻的氨气味,只有焦毛臭味;用浸湿的pH试纸放在试管口,试纸呈微碱性,而且蓝色可慢慢褪去。

(2)血粉:牲畜血液是肉类联合加工厂和屠宰场的副产品,资源十分丰富,含粗蛋白质80%以上,其中赖氨酸、蛋氨酸、精氨酸较多。但其消化率比鱼粉、骨肉粉低,钙、磷含量也低,其营养价值远低于鱼粉、骨肉粉。通常只可用来取代部分动物性蛋白质饲料,但最大用量不宜超过鱼粉和骨肉粉。

血粉的简易加工方法:把凝固的猪牛羊血,用刀切成10厘米的正方块,放入开水中熬煮。注意适当小火力,不可使水再沸,否则血块将散开呈泡沫状态。熬煮20分钟,待血块中心部位由红变褐色,并已凝结,即可取出用布包住,榨出水分,然后取出血块用手搓散,晒干、磨细,即成棕黑色的血粉。

(3)骨肉粉:我国生产的骨肉粉,含蛋白质40%～63%,脂肪8%～15%,矿物质10%～25%,磷3%,钙6%,水分不超过6%,也是一种优良的动物性蛋白质饲料。其赖氨酸含量高,但蛋氨酸、色氨酸含量低于鱼粉,色氨酸比棉籽饼含量还低,维生素B_{12}、烟酸等B族维生素较多,钙、磷、锰也多。

因含脂肪多,不易长期保存。在猪日粮中的用量以4%为宜。

(4)蚕蛹粉:为蚕茧制丝后的副产物,含蛋白质、维生素、核黄素较多,矿物质含量不如鱼粉和骨肉粉。鲜蚕蛹含水和脂肪多,不易保存。干蚕蛹含粗蛋白质达57%~68%,赖氨酸3%~3.68%,色氨酸0.68%~1.43%,蛋氨酸1.32%~1.6%。由于脂肪多,易腐败、恶臭,如喂量过大,会使猪体脂和肉带黄色、有异味。在猪日粮中的用量为2.5%~5%。

(5)羽毛粉:由家禽的羽毛经过高压和酸煮处理而成,是一种营养丰富的优质动物蛋白饲料,其粗蛋白质含量高达80%,消化率为80%,赖氨酸、色氨酸、蛋氨酸不足,但亮氨酸和胱氨酸较多,且含有维生素B_{12}和一些未知的生长因子,其营养价值虽然略逊于鱼粉、骨肉粉,但可取代部分蛋白质饲料。在猪日粮中的用量为5%。据试验,在相同饲养条件下,用5%的羽毛粉添加于饲粮中,能比常规饲粮提高日增重85克;添加等量的羽毛粉,平均日增重基本接近添加鱼粉的对照组;添加5%的羽毛粉后,在试验期内生猪适口性好,未出现消化不良等症状。羽毛粉资源丰富,粗蛋白质含量高,经济效益大,生猪每增重1千克比常规法少花成本0.079元,比添加鱼粉组还少0.098元。

①羽毛粉加工方法:将收集的羽毛用清水洗净、晾干(含水量降至25%~30%),用压力锅蒸煮1小时,每15分钟搅拌一次。然后进行酸煮,即按每千克羽毛拌入4~5千克浓度为2%的稀盐酸,置于耐酸的锅中,盖上盖子,加热煮沸,并经常搅拌。当煮到可轻易拉断羽毛时捞出(勿延长熬煮时间,以免养分过多损失),用清水洗干净,除去盐酸液,晒干或烘干

(使含水量降至25%~30%),用粉碎机加工即得成品。

②饲喂方法:羽毛经高温加工后,蛋氨酸、色氨酸、赖氨酸等含量有所下降,故应与这 些氨基酸较多的饲料配合使用。

随着畜禽、水产业的发展,饲料供应尤其蛋白质饲料的供应显得特别紧缺。

目前,鱼粉是主要蛋白质饲料源,而我国生产量少,供不应求;靠进口则耗去大量外汇,成本增加。在供求矛盾情况下价格昂贵,尤其劣质鱼粉、冒牌鱼粉充斥市场。因此,另辟新径,寻找和开发廉价的动物蛋白饲料资源,是摆在科技工作者面前的重要课题,这对促进我国养殖业的发展也具重要作用。

我国幅员辽阔,可供开发利用的动物蛋白质饲料资源很多,如福寿螺、田螺、河蚌、蜗牛、蚯蚓、黄粉虫、蝇蛆、白蚂蚁、蝗虫、卤虫、蟑螂、蚕蛹及畜禽下脚料等,都是营养丰富的高蛋白质饲料资料源,是饲喂优质禽畜、鱼、虾、蟹、蛙、蛇、鳖、鸟的理想饲料。据检测,它们含蛋白质高达48%~65%,接近或超过世界名牌鱼粉——秘鲁鱼粉(含蛋白质63%)的水平,还含有10多种氨基酸,多种维生素和多种微量元素,是替代鱼粉的优质原料。近几十年来,美国、意大利、加拿大和日本等国已大量开发利用,制成优质饲料和添加剂,除供应本国外有的还出口他国。近几十年来,我们在开发蛋白质饲料方面已取得显著效果。为了降低饲养成本,提高经济效益,每个养殖户都要在开发蛋白质资源上狠下功夫。目前可开发的蛋白质资源有:

(1)肉骨粉:是由不适于食用的家禽躯体及其他废弃物下脚料制成。死因不明的动物经高温高压处理后,方可用于制作肉骨粉。其粗蛋白含量一般为50%左右。一般通过切碎、煮沸、压榨、去脂、干燥后制得。

(2)血粉:是由禽畜鲜血加工而成的。其粗蛋白含量高达80%以上,消化率略低于鱼粉,是鱼类较好的蛋白质饲料。

(3)羽毛、畜毛粉:都是通过水解的方法制得。其干品粗蛋白含量在80%以上,氨基酸的组成比较平衡。羽毛粉在日本已推广应用,我国也已开始生产。

(4)家禽皮粉:鞣皮屑经水解退鞣面制成一种畜皮水解蛋白粉饲料,具有蛋白质含量高、富含多种营养成分、消化率高等优点,是一种动物性高蛋白饲料。把鞣皮拌入禽畜饲料中,可以使禽畜生长快、产蛋多,据试验,可提高家禽产蛋率30%左右,提高畜类泌乳量25%,还可以促进家禽羽毛生长,缩短换羽期。

(5)螺蛳:螺蛳多生长在稻田、沼泽、池塘、河沟等处,可随时捞取利用。利用时只将螺蛳稍煮后扎碎即可,其干体含粗蛋白质为55.4%,必需氨基酸含量丰富,还含有丰富的B族维生素和各种微量元素,可代替鱼粉用于禽畜配合饲料。螺蛳壳含钙37%以上,粉碎后可作矿物质饲料。

(6)蚕蛹:干粉中粗蛋白含量为65%左右。蚕蛹能引诱鱼类摄食,如在鲤鱼的饲料中添加5%的蚕蛹粉,可提高其生长率,降低饵料系数。我国已能用蚕蛹生产复合氨基酸。

(7)福寿螺:又名大瓶螺,其干品中粗蛋白含量在55%以上。具有个体大、生长快、食性杂和抗逆性强等优点。我国有些单位对福寿螺的高产配套技术作过详细研究,可望年亩产达10000千克,螺的内脏占全部螺重的64%以上,内脏蛋白质含量为10%左右,亩产8000千克鲜螺可产粗蛋白质500千克,螺壳还可作为畜禽饲料中钙粉添加剂的来源。福寿螺适应性强,我国绝大多数地区可安全养殖福寿螺。

(8)黄粉虫:营养价值高。经测定,其幼虫、蛹和成虫粗蛋白质含量分别为51%、57%、64%,并含有必需的16种氨基酸。黄粉虫饲养方法简单,饲料来源广,主要是麦、糠麸、青菜等;价格低廉,其生活力强,一年四季均可养殖,投资少,收效快。它可作为饲养蝎子、蜈蚣、鸟类等经济动物的上好饲料,能有效地提高经济动物的生产性能,被誉为"蛋白饲料宝库"。

以上所列鱼粉替代物,作为动物性蛋白饲料具有很大的发展潜力。在养殖业中有大量废弃物和人畜禽粪便及种植业中的下脚料,为发展蝇蛆、黄粉虫、蚯蚓、蜗牛、福寿螺等的养殖提供便利条件,农户可自己繁殖,自己使用,降低成本,提高效益。在我国城乡有数以万计的屠宰场和肉、禽蛋、水产等加工厂,这些饲料蛋白质源数量很大,价格不高,适宜规模生产,是最为现实的动物蛋白资源。开发动物蛋白饲料具有成本低,周期短,见效快,简单易行,效益高等特点。据概算,生产1千克成本为:蚯蚓为0.5元,一个月左右为1个周期;黄粉虫0.06~0.8元,75~90天为1个周期;蝇蛆、白马蚁0.45~0.65元,一个周期只有几天至十几天。它们的营养价值是其他一般植物饲料的8~25倍。每吨干粉大约3000元,比秘鲁鱼粉价格低得多。每100千克的混(配)合饲料只需加入2~3千克就够了。几年来,它们的市场价格很高,1万条蚯蚓种售价300~500元,1千克黄粉虫售价50~100元,蝇蛆种每箱(约几千只)售价200~300元。如果3~5年全国每个省市都能形成产2万～3万吨干粉,那么不但够生产100万吨混(配)合饲料所需要的蛋白质营养原料,大大减少外汇的支出,而且还能降低禽畜和水产品等生产成本,增加盈利,提高经济效益。可见大量开发这些高蛋白质饲料资源,其营养价值和经济效益是十分可观的。

四、脂肪饲料

猪日粮中含有一定量的脂肪是必要的,但猪体的脂肪主要靠碳水化合物转化而来。据试验,猪对脂肪的摄入量很少,只有当日粮中脂肪含量低到0.06%时,才会引起脂肪缺乏症。表现为幼猪皮肤发干,被毛无光泽和发生皮炎、脱毛等。冷轧的豆饼、花生饼、棉籽饼、黑豆等脂肪含量较高,为5%～7%,玉米、燕麦、麦麸、稻糠的脂肪含量为5%～6%。

五、青饲料

可用于喂猪的青饲料有豆科牧草、青刈作物、青草、野菜、树叶、水生饲料等。

1. 松针叶

包括马尾松、黄山松、黑松、赤松、云南松、落叶松、油松、樟子松、湿地松、红松、云松、冷杉等叶子,是一类营养价值甚高的饲料。松针粉的消化能高达4 500～5 000千卡/千克,还富有多种氨基酸、蛋白质、脂肪、维生素、植物杀菌素和微量元素等86种成分。其中40多种是畜禽需要的营养物质。以赤、黑松为例,其松叶所含的各种营养成分,见表 10-1、表 10-2。

表 10-1 赤、黑松针营养成分

组 分	含 量	组 分	含 量
粗蛋白质(%)	8.96	甘氨酸(%)	0.53
粗脂肪(%)	11.1	丙氨酸(%)	0.37
粗纤维(%)	27.12	胱氨酸(%)	0.17
无氮浸出物(%)	41.59	缬氨酸(%)	0.46
灰分(%)	3.43	蛋氨酸(%)	0.34
水分(%)	7.8	异亮氨酸(%)	0.33
胡萝卜素(毫克/千克)	121.8	亮氨酸(%)	0.54
维生素 C(毫克/千克)	522	酪氨酸(%)	0.24
维生素 B_1(毫克/千克)	3.8	苯氨酸(%)	0.44
维生素 B_2(毫克/千克)	17.2	赖氨酸(%)	0.43
叶绿素(毫克/千克)	134.9	组氨酸(%)	0.14
天门冬氨酸(%)	0.62	精氨酸(%)	0.27
苏氨酸(%)	0.2	色氨酸(%)	0.09
丝氨酸(%)	0.27	脯氨酸(%)	0.29
谷氨酸(%)	0.69		

表 10-2 赤、黑松针粉矿物质元素含量

组分	含量	组分	含量
钠(%)	0.03	锰(毫克/千克)	215
镁(%)	0.14	铁(毫克/千克)	329
磷(%)	0.08	锌(毫克/千克)	38

续表

组 分	含 量	组 分	含 量
钙(%)	0.54	钴(毫克/千克)	0.58
钾(%)	0.46	钼(毫克/千克)	0.87
铜(毫克/千克)	56	硒(毫克/千克)	3.6

我国松针资源丰富,推广利用松针叶作畜禽配合饲料,不仅有助于解决部分饲料来源问题,还可提高育肥效果。目前,主要利用松针叶制成松针粉和生物活性物质作为富有营养的畜禽饮料。

用松针粉喂猪,具有增重快、省饲料、抗疫病等特点。松针粉生物活性物质可促进畜禽营养的消化利用,即提高蛋白质吸收率14%,脂类吸收率9%。据试验,在猪日粮中添加3.6%~4.5%的松针粉,可比对照猪增重30%~33%,每增重1千克,节省饲料1千克,并可缩短饲养周期55~70天。笔者在育肥猪饲料中添加10%的松针粉,体重17.5千克的仔猪经100天育肥最大的重达110.5千克,料肉比为3.02:1,猪毛皮光亮,瘦肉率高、肉质好。在种公猪日粮中添加4%的松针粉,采精量可提高8%~10%,生长发育良好。使用松针粉添喂猪,而且喂量高达10%~15%,已成为百日出栏法饲粮配制特点之一。

松针粉加工方法是否合理,对其营养成分影响很大,关键是烘干技术。正确的加工方法是:首先烘干,可采用人工干燥或自然阴干。人工干燥是先将干燥箱加热到101℃,然后把切碎的松叶(2~3厘米长)放到干燥箱内烘烤10分钟(注意切忌从低温开始入箱烘烤,否则因时间拖长,成品的养分将损失一半以上)。自然阴干就是将新鲜松针均匀地摊放在通风阴凉处,自然阴干至含水量低于10%(切忌晒太阳)。松叶烘干即行粉碎,一般用锤式粉碎机粉碎得比较细,最后用塑料袋包装置于干燥处贮藏。

松针叶还可按下列方法加工利用,饲喂效果大致相同。

松针叶浸液的制作:松针叶采摘后,按松针粉的加工方法碎成粉状物,将其放入干净的木桶中,每千克松针粉加入70～80℃的开水5千克,然后盖严,在室温下浸泡3～4小时,经纱布过滤便可得浸液。松针叶浸泡有苦涩味,初次喂猪时,剂量宜小。小猪从29日龄起投喂,每头由日喂0.25升逐渐加到中猪日喂1升,大猪日喂2～3升。

松针叶膏剂的制作:松针叶晾干,经粉碎加水浸泡后所得的针叶浆汁置于锅内,保持温度90℃。待凝结物沉淀析出,停止加热,静置让其澄清,倒掉水,收取凝块并将其压干,即得成品。松针叶膏剂在育肥猪日粮中添加量为每头5～10克。

如缺乏上述加工条件,亦可将采集的鲜松叶切碎,直接拌料喂猪。鲜松叶有松香味和苦涩味,适口性差,喂量不宜过多,一般占日粮5%即可。

在经济条件有限,饲料达不到营养要求的情况下,采用下面的配方喂猪,也有一定育肥效果。配方是:松针粉5千克、玉米22.5千克、麦麸12.5千克、饼粕2.5千克、米糠1.5千克、鱼粉2.5千克、贝壳粉2.5千克、市售生长素1千克。

2. 紫穗槐叶

紫穗槐叶中含粗蛋白质22%,粗纤维16%,赖氨酸含量达1.24%。但紫穗槐叶味苦，单独用于喂猪，适口性不好。如果与其他青饲料混合打浆，使其具有酸香味，可提高适口性。紫穗槐叶粉可代替部分粗饲料添喂育肥猪，能缩短饲养周期，提高日增重和饲料转化率。

紫穗槐叶粉的加工方法是：适时采集紫穗槐幼嫩茎叶，趁晴天晒干，经粉碎后即可作饲料。或放在阴凉通风处摊开，经5～7天阴干后粉碎，包装备用。

3. 构树

其综合营养成分和营养平衡指标超过优质的配合饲料。

构树又名构皮树、沙纸树、谷木等。落叶乔木，树皮暗灰色而光滑，小枝有毛，各部有乳汁。叶互生，纸质，呈广卵形至长圆状卵形，边缘有粗锯齿，基部稍偏斜，背面有毛。花单性，雌雄异株，雄花序下垂，雌花序头状，有细的白色毛。果呈球形，肉质橙红色。在自然界生存条件适应性极强，耐干冷，耐湿热，耐旱。分布普遍，无论南北方，几乎都有它生长，以山地下部、沟谷河旁最常见。

构树干叶含蛋白质达26%～32.54%，氨基酸含量是大米的4.5倍，是玉米的2.5倍，是黄豆的1.8倍，其钙的含量是黄豆、牛奶的5倍，维生素、微量元素的含量是其他植物如水果、蔬菜的100倍，胡萝卜素的含量比胡萝卜高出5倍，其综合营养成分和营养平衡指标超过优质的配合饲料。因此，其不但是养猪的优质饲料，而且用它与面粉、豆粉混合可制成各种营养粉，还可制作各种营养制剂和保健饮料。

农民养猪不赚钱，用配合饲料喂猪，每头猪赔200元。据实验，种上2亩构树，第二年可养30头猪，净赚1万元左右。

构树生长迅速,容易繁殖,用途大,宜提倡栽培。采用播种、插根、插枝、分蔸及移植野生苗等方法栽植,均能成活。扦插繁殖,在植物生长激素作用下,幼苗快速生长,6个月每亩可获单株1.2万~1.5万株沟树苗,供大田移栽。

采用以生物活性蛋白粉为主要原料制成的植物营养液,对构树枝叶进行根外追肥,不仅能提高构树叶产量,而且质量也有明显提高,生长周期缩短,采摘周期由原来2个月缩短到1个月,一年可采摘7~8次。第一年种树,第二年见效,第三年进入丰产期,利用价值大大提高。

构树喂猪,在我国有几千年历史,但农户都是切碎煮料而喂,这种喂法,适口性差,蛋白质 也被破坏,维生素含量大大降低。现在通过用生料发酵剂发酵,不仅把其维生素含量全部保存下来,还能提高蛋白质含量,酸酸甜甜,口感醇香味,很适合猪的口味,饲养生猪长膘快,肉质好,发病率低。一般15千克重的仔猪,7个月可出栏,体重达130~150千克。

构树叶发酵方法:

(1)发酵液配制

①发酵菌用量:每50千克构树饲料(包括已粉碎的构树干叶40千克,10千克米糠等,100克稀土百日促长剂)用发酵母菌200克。

②调剂方法:用0.5千克白糖或红糖,兑水5千克,把它煮沸溶解,放到能装10千克酒的塑料壶中,让水冷却至30℃,即把200克发酵母菌放到水壶中,充分摇动10~20分钟,然后塞盖密封48小时(即2天)。

(2)拌饲料放入缸池发酵。把经粉碎后的40千克构树叶和9千克米糠、0.5千克贝壳粉或农用过磷酸钙、250克硫酸锌、100克稀土百日促长剂、150克食盐拌匀,先泼上已经调制好的发酵菌液5千克,不足即泼上干净水,做到手抓成团,指缝不滴水,一放散开即可。这样放入缸或水泥池中密封发酵(塑料布密封,再盖上麻包袋)。夏、秋天5~7天,冬、春天10~12天发酵结束,有酒香味,酸酸甜甜即可喂猪。已发酵构树饲料一时用不完,要密封好,不让漏气,漏气即变质。

构树每亩种500株(株行距1米×1.1米),为提高其产量、蛋白质和氨基酸含量,保证每年采8次上以上,采后第2天、第7天、第14天要喷施不同营养素。

表10-3 构树叶喂猪效果表

饲料名称	牲口头数	仔猪重(千克)	喂养天数	投料(千克/只)	平均体重(千克)	价值(元)	成本价(元/只)	收入(元/只)
构树叶饲料	10	15	150	320	152.3	1218.4	800	418.4
配合饲料	10	15	150	380	137.5	1100	1150	-50
粮 食	10	15	150	520	113.4	907.2	820	107.2

4. 茶叶饲料

茶叶含有较多的营养成分和药用成分。在制取速溶茶和泡茶时,可以提取占茶叶干重30%~40%的可溶性成分,这些成分主要为茶多酚、咖啡碱、糖分、水溶性灰分、氨基酸和维生素等,为人们所利用。专家在1986年就发现废茶叶中含有18%~20%蛋白质、11%~12%粗纤维、0.5%~1%粗脂肪、8%~9%矿物质、60%的易提取物和含氮物质,均有较高的潜在利用价值。茶叶废弃物具有一定抗氧化性和清除体内自由基的效果,同时可以杀菌抗菌、提高动物抗病能力。利用茶叶可治疗乳房浮肿、生蜱虱、食草过渡引起的胀肚、受伤和外感引起的溃疡、皮毛散乱等5种常见病。将茶叶提取物(多酚类物质含量为20%)的片剂按每天15克剂量与牛奶一起喂饲10~30天龄小奶牛4周,发现茶叶可减轻奶牛腹泻,促进双歧杆菌、乳酸菌、肠杆菌的生长,抑制荚膜梭菌的产生,而不影响葡萄球菌、链球菌、真杆菌科等菌落。荷兰人曾用提取过速溶茶后的茶渣加工成反刍动物优质蛋白饲料,发现对过瘤胃蛋白有双重的保护作用,起主要治病作用的成分可能是茶叶中的茶多酚。对猪添加0.2%茶多酚强化代用饲料2周,发现其体内乳酸杆菌显著增加,细菌和类菌体数量剧减,说明茶叶提取物可增强猪的抗病力。

茶叶饲料的加工:茶叶废料→除表面水→烘干至含水率为4%~5%→磨碎→发酵4昼夜→过滤除水→烘干(70 ℃)至含水率为4%~5%→磨碎→袋装。也可以用生料发酵菌对茶叶进行发酵分解。

现介绍绿茶叶快速育肥法:育肥猪添加适量的绿茶粉末,可使猪肉核酸含量增加20%,胆固醇含量降低10%,味道更鲜美可口。茶叶粉末喂猪还可使猪的抗病性增强、育肥时间缩短(从断奶至育肥约100天),成本低且无副作用,是值得推广的新技术。

饲料配方:断奶仔猪15千克以上时,分前期、中期、后期配料饲喂,即可达最佳效益。

(1)前期40天:猪体重15~30千克。

玉米15千克、麸皮15千克、山芋干(红薯干片或木薯干片)15千克、菜籽饼8千克(最好脱毒处理)、鱼粉1千克、食盐200克、米糠40千克、硫酸铜20克、硫酸亚铁10克、硫酸锌10克、绿茶叶粉末60克。

(2)中期30天:猪体重30～50千克。

玉米15千克、麸皮10千克、山芋干15千克、菜籽饼5千克、豆饼4千克、鱼粉1千克、米糠50千克、食盐200克、硫酸铜20克、硫酸亚铁15克、硫酸锌10克,绿茶粉末60克。

(3) 后期30天:猪体重50～100千克。

玉米15千克、麸皮10千克、山芋干15千克,菜籽饼4千克、豆饼4千克、鱼粉1千克、食盐200克、米糠50千克、硫酸铜30克、硫酸亚铁15克、硫酸锌10克、绿茶粉末70克。

科学管理:①仔猪入栏育肥前用驱虫精擦猪耳背,驱除体内寄生虫,也可以按每10千克体重内服敌百虫1克,拌料喂服。②饲料发酵饲喂。将硫酸铜、硫酸锌、硫酸亚铁用温水溶解均匀撒在饲料中,加适量水搅拌,用手抓指缝见水但不滴下为佳,然后装入缸或木桶中密封存,温度保持37～42℃,让饲料发酵,当饲料散发出酒香味即可。③发酵的配合饲料必须生喂,每天4次,第一次早晨6时半喂,以后每隔4小时喂一次,第四次在晚上9时喂。饲喂量随着体重的增加而增加,青饲料不限量。配合饲料饲喂的标准为:15～30千克每头每日1～1.25千克;31～50千克每头每日喂1.25～1.5千克;50千克以上每头每日喂1.75千克;少喂勤添,喂后供饮水。④按猪的大小强弱分圈饲养,防止猪吃食不匀或抢食撕咬。应调教猪定点排粪便,每天打扫2次,保持猪舍干燥,养到100千克即出栏。

5. 大叶速生槐

(1)饲养价值与生态功能:大叶速生槐用作畜禽饲料,具有良好的开发前景。一是速生高产。大叶速生槐生长速度快,温湿度适宜,平均日增长可达2~3厘米,为普通刺槐生长量2倍以上,直接定植的当年生苗木生长高度可达3~4米。叶片宽大肥厚,每亩栽植2000~3000株,当年亩产鲜饲料(茎叶)0.5万~1万千克,第二年便可达到1.5万千克以上的高产量,为其他高产牧草的2~3倍。二是营养价值高。大叶速生槐茎叶营养成分丰富,据测定,叶片中含粗蛋白21%~25%,粗脂肪4%~5.5%,粗纤维11%~15%。富含多种维生素和微量元素及多种氨基酸,各种营养成分都高于一般牧草。大叶速生槐叶片鲜嫩,质地细软,适口性好,消化率高,是牛、猪、兔、鸵鸟、鸡、鸭、鹅的优质高能饲料。三是管理粗放,生产成本低。大叶速生槐栽培简单,扩繁容易,管理粗放,生产成本低,管理费用仅为其他牧草的10%左右。四是抗性强,适生地域广。耐寒、耐旱、耐土壤贫瘠,是大叶速生槐独特的特性及优势。无论是寒冷的东北,还是干旱的西北,贫瘠地或沙化地,大叶速生槐均生长良好。五是出口前景好。日本及韩国两大牧草消费国,对槐叶粉的需求量极大,优质槐粉很受日、韩商欢迎。槐叶粉将是我国今后出口创汇的优质草粉。

(2)基地速成技术:常规的叶用饲料基地建设,一般多采用一年育苗,二年栽培,三年采收利用。采用基地速成技术,栽培大叶速生槐,勿需育苗,直接定植,当年即可采收利用。其方法是:①种根沙藏催芽:3~4月份在大叶速生槐萌动前,选用一年生直径0.5~1厘米大叶速生槐主、侧根,将种根挖出,避免损伤根皮,剪成7～8厘米根段,在背风向阳的田园挖深40厘米×宽1米的沟,用含水60%左右湿沙沙藏,一层沙(5厘米左右)一层种根(约5厘米厚),埋4～5层种根,上覆土10厘米,盖塑料膜。温度控制在20℃左右,湿度50%～60%。②定植:大约10天,根段两端便产生愈合体,根芽开始萌动。将种根取出,在整好的基地上定植。定植的方法是按株行距40厘米×50厘米,深5～6厘米(宜深不宜浅),挖坑将种根平埋,覆土压实。③摘芯促发:当苗高10～15厘米时,进行第一次摘芯,苗高30厘米时第二次摘芯。经过两次摘芯后,可长出8～15个分枝,促使大叶速生槐墩状生长。当苗高1～1.5米时,即可采收利用。

为降低生产成本,加快扩繁种根,可采自繁自育的办法。即每亩按1米×1米的株行距定植槐苗,每亩1000株,当年每亩可产种根150千克以上,第二年可繁10～12亩,第三年即可扩繁100～150亩。

六、矿物质饲料

猪需要10多种矿物质元素,以上所介绍的各种饲料虽含有这些元素,但数量往往不能满足猪的日常需要,必须补充一些矿物质饲料,如食盐、骨粉、石粉、蛋壳粉、蛎壳粉、磷酸盐和各种微量元素制剂等。

1. 食盐

植物性饲料大部分缺乏钠和氯,而钠和氯是参与机体正常代谢活动不可缺少的物质,食盐可补足钠和氯,并能提高饲料适口性,增进猪的食欲。

2. 骨粉

骨粉中钙、磷含量大,而且比例合适,能被猪充分吸收利用。骨粉加工方法有以下两种。

①煮骨法:平时收集畜禽杂骨,晒干贮存。制作时敲成小块,置入锅加水煮沸,最好静置一夜,撇去浮在水面的油脂。然后取出骨块,晒干或在烘房(炉)中烘干。最后把晒干的骨头用锤击机或钢磨粉碎成骨粉。用这种方法加工骨粉,可杀灭一般病菌,但消化利用率稍差于蒸骨粉。

②蒸骨法:将杂骨敲成小块,放在高压锅内加水淹没,盖上盖子,然后加热。当蒸汽温度升至 120 ℃,经 24 小时蒸煮后停止加热。次日开锅,除去上层脂肪,捞出骨头,晒干,粉碎(操作同煮骨法)。此法生产的骨粉,有机物含量比煮骨粉少,主要成分是磷酸钙,含钙 38%、磷 20%。容易消化吸收,贮存时间长。

3. 石粉

石粉、蛋壳粉、蛎壳粉都是富含钙的补充料,一般含钙量达 45%左右。

4. 磷酸盐类

磷酸钙、过磷酸钙可补充饲料中磷的不足,磷酸钙和磷酸氢钙的钙磷比例为 3:2,与猪所需的钙磷比例一致。过磷酸钙中磷的含量超过钙,可以补充饲料中磷的不足。

七、维生素

一般天然饲料中大都缺乏维生素A、D、E以及核黄素、泛酸、烟酸、胆碱和维生素B_{12}等，在维生素（尤其是脂溶性维生素）贮存过程中，生物效价有所降低，所以添加维生素时，实际用量应比理论用量增加一些，一般50千克饲料添加畜用多维素5克。

八、添加剂

目前生产的添加剂很多，包括营养性添加和非营养性添加剂。

1. 营养性添加剂

其作用是补充饲料中不足的营养素，使配合饲料的营养更加完善。常见的有如下几种。

（1）人工合成的氨基酸：猪最容易缺乏的是赖氨酸和蛋氨酸。这些氨基酸饲料添加剂的效益是非常明显的，育肥猪50千克日粮中添加占饲料0.1%的蛋氨酸，能起到10千克粗蛋白饲料的作用，可获得相当于15千克鱼粉的效益。只要在配合饲料中添加0.15%的蛋氨酸，用15吨蛋氨酸便可节省200万吨配合饲料，相当于200万亩饲料地的经济效益。据国外资料介绍，1吨赖氨酸，可节省120吨的饲料粮，可多产10～16吨猪肉，可代替12～14吨鱼粉或豆饼。在计算日粮配方时，除考虑猪的需要量外，还要考虑到下列添加剂的纯度。

DL-蛋氨酸:为白色或淡黄色结晶性添加剂,有特异臭味和微甜味,主要功能是加速猪的生长,提高日增重。使用DL-蛋氨酸时,应先按蛋氨酸2份与玉米粉的8份预混,再与其他饲料搅拌均匀。它在猪日粮中所占比例为0.05%~0.1%。在以植物性饲料为主的配合饲料中添加此剂效果尤佳。使用蛋氨酸不要同时使用甘氨酸。应存于避光、干燥、阴凉处。

赖氨酸:分为DL型、L型等产品。L型效价比DL型高1倍,在购买时应选用L型。本品含量为98.5%以上,是白色、淡褐色的粉末,无臭,略带异味,易溶于水。平时要存放在阴凉、避光处。其主要功能是增加禽畜食欲,提高生产性能,增加畜禽抗病力,促进创伤愈合,促进骨折、火伤及化脓创口的治愈。赖氨酸在猪日粮中添加量为0.42%~1%。使用时,先将2份赖氨酸与8份玉米粉预混,然后与其他饲料搅拌均匀。在使用胡麻油饼、棉籽饼、菜籽饼和玉米等饲料时,添加赖氨酸效果尤佳。

(2)微量元素添加剂:常用的有硫酸铜、硫酸亚铁、硫酸锌、硫酸镁、硫酸锰、硫酸镍、碘化钾、亚硒酸钠、氯化钴等。笔者研制的"百日出栏法促长剂",已包含上述成分,故使用促长剂后可不再添加微量元素制剂。

(3)维生素添加剂:人工合成的各种维生素已普遍作为添加剂,可根据需要,购买畜用多维素,按包装上的说明添加于猪日粮中。

2. 非营养性添加剂

这是辅助性的添加剂,并不包含猪所需要的营养素,但添加之后可以杀灭或抑制病菌、寄生虫,增强抵抗力,提高饲料

利用率。有的则可防止饲料发霉变质,保护饲料中的脂肪和脂溶性维生素不被氧化破坏等。常用于喂猪的有:

(1)抗菌添加剂:如土霉素、金霉素、磺胺类和呋喃类药物。可以使肠道有害微生物减少,预防疾病,提高增重,减少饲料消耗。

(2)酶制剂:主要是胃蛋白酶、胰蛋酶,用于添喂仔猪、幼猪,可提高饲料利用率,促进生长。

(3)抗氧化剂:配合饲料保存时间长时,需加入抗氧化剂,以保护脂肪和脂溶性维生素不被氧化破坏。常用的有乙氧基喹(山道喹)、丁基化羟基甲苯(BHT)等。

九、常用饲料的营养成分

饲料营养成分是进行配合饲料计算的依据。养猪户应当尽量熟悉常用饲料的主要营养成分,同一饲料品种,在不同地区栽培或采用不同测试手段,其营养成分略有差异。常用饲料的营养成分见表10-4。

表 10-4 猪的常用饲料成分及营养价值(近似值)

饲料名称	干物质(%)	消化能(兆卡)	代谢能(兆卡)	粗蛋白质(%)	粗纤维(%)	钙(%)	磷(%)	植酸磷(%)	赖氨酸(%)	蛋+胱氨酸(%)	苏氨酸(%)	异亮氨酸(%)
一、青绿饲料类												
白三叶	17.7	0.48	0.46	3.9	3.5	0.25	0.08	0	0.16	0.15	0.14	0.12
芭蕉秆	4.3	0.08	0.08	0.3	1.1	0.03	0.01	0	0.01	0.01	0.01	0.01
草木犀	16.4	0.34	0.32	3.8	4.2	0.22	0.06	0	0.17	0.08	0.14	0.03
大白菜	6.0	0.19	0.18	1.4	0.5	0.03	0.04	0	0.04	0.04	0.02	0.03
胡萝卜秧	20.0	0.40	0.38	3.0	3.6	0.40	0.08	0	0.14	0.08	0.10	0.12
甘蓝	12.3	0.30	0.29	2.3	1.7	0.28	0.04	0	0.09	0.07	0.08	0.08
甘薯藤	13.9	0.39	0.37	2.2	2.6	0.22	0.07	0	0.08	0.04	0.08	0.08
灰菜	18.3	0.40	0.38	4.1	2.9	0.34	0.07	0				
红三叶	12.4	0.33	0.32	2.3	3.0	0.25	0.04	0	0.08	0.05	0.07	0.06
聚合草	12.9	0.40	0.38	3.2	1.3	0.16	0.12	0	0.13	0.12	0.13	0.13
菊芋	20.0	0.52	0.50	2.3	5.5	0.03	0.01	0	0.06	0.05	0.04	0.04
苣荬菜	15.0	0.46	0.44	4.0	1.5	0.28	0.05	0	0.16	0.06	0.16	0.16
牛皮菜	9.7	0.21	0.20	2.3	1.2	0.14	0.04	0	0.01	0.06	0.03	0.04

续表

饲料名称	干物质（%）	消化能（兆卡）	代谢能（兆卡）	粗蛋白质（%）	粗纤维（%）	钙（%）	磷（%）	植酸磷（%）	赖氨酸（%）	蛋＋胱氨酸（%）	苏氨酸（%）	异亮氨酸（%）
绿萍	6.0	0.17	0.16	1.6	0.9	0.06	0.02	0	0.07	0.07	0.08	0.08
秣食豆草	19.3	0.54	0.51	4.8	3.8	0.38	0.05	0	0.19	0.11	0.15	0.17
苜蓿	29.2	0.68	0.65	5.3	10.7	0.49	0.09	0	0.20	0.08	0.21	0.17
千穗谷	15.0	0.36	0.35	2.0	5.0	0.22	0.03	0	0.07	0.05	0.06	0.06
苕子	15.6	0.41	0.39	4.2	4.1	0.12	0.02	0	0.21	0.13	0.16	0.16
水稗草	10.0	0.28	0.27	1.8	2.0	0.07	0.02	0				
水浮莲	4.1	0.12	0.12	0.9	0.7	0.03	0.01	0	0.04	0.03	0.03	0.03
水葫芒	5.1	0.14	0.13	0.9	1.2	0.04	0.02	0	0.04	0.04	0.04	0.04
水花生	10.0	0.28	0.27	1.3	2.2	0.04	0.03	0	0.07	0.03	0.05	0.05
甜菜叶	6.9	0.21	0.20	1.4	0.7	0.02	0.03	0	0.01	0.02	0.04	0.04
小白菜	7.9	0.22	0.21	1.6	1.7	0.04	0.06	0	0.08	0.08	0.06	0.05
蕹菜	9.1	0.20	0.19	1.9	1.5	0.10	0.04	0	0.09	0.06	0.08	0.07
紫云英	13.4	0.39	0.37	3.2	2.2	0.17	0.06	0	0.17	0.11	0.13	0.13
二、树叶类												

续表

饲料名称	干物质(%)	消化能(兆卡)	代谢能(兆卡)	粗蛋白质(%)	粗纤维(%)	钙(%)	磷(%)	植酸磷(%)	赖氨酸(%)	蛋+胱氨酸(%)	苏氨酸(%)	异亮氨酸(%)
槐叶粉	89.1	2.39	2.21	17.8	11.1	1.91	0.17	0	1.35	0.37	0.91	1.06
紫穗槐叶粉	90.6	2.52	2.30	23.0	12.9	1.40	0.40	—	1.45	0.82	1.17	1.17
三、青贮发酵饲料类												
白菜青贮	10.9	0.19	0.17	2.0	2.3	0.29	0.07	0				
胡萝卜秧青贮	19.7	0.21	0.20	3.1	5.7	0.35	0.03	0				
甘薯藤青贮	18.3	0.24	0.22	1.7	4.5			0	0.05	0.05	0.05	0.05
甘蓝青贮	9.7	0.21	0.20	2.1	1.7	0.15	—	0				
马铃薯秧青贮	23.0	0.25	0.23	2.1	6.1	0.27	0.03	0	0.13	0.12	0.11	0.20
甜菜叶青贮	37.5	0.64	0.60	4.6	7.4			0				
玉米青贮	22.7	0.18	0.17	2.8	8.0	0.10	0.06	0	0.17	0.09	0.07	0.23
紫云英青贮	25.0	0.65	0.58	7.8	5.1			0				
四、块根、块茎、瓜果类												
胡萝卜	10.0	0.32	0.31	0.9	0.9	0.03	0.01	—	0.04	0.06	0.05	0.05

续表

饲料名称	干物质（%）	消化能（兆卡）	代谢能（兆卡）	粗蛋白质（%）	粗纤维（%）	钙（%）	磷（%）	植酸磷（%）	赖氨酸（%）	蛋+胱氨酸(%)	苏氨酸（%）	异亮氨酸(%)
甘薯	24.6	0.92	0.88	1.1	0.8	0.06	0.07	—	0.05	0.08	0.05	0.04
甘薯干	87.9	3.26	3.11	3.1	3.0	0.34	0.11	—	0.13	0.08	0.11	0.14
萝卜	8.2	0.25	0.24	0.6	0.8	0.05	0.03	—	0.02	0.02	0.02	0.01
马铃薯	20.7	0.78	0.75	1.5	0.6	0.02	0.04	—	0.07	0.06	0.06	0.05
木薯干	90.1	3.18	3.03	3.7	2.2	0.07	0.05	—	0.12	0.06	0.08	0.09
南瓜	10.0	0.31	0.30	1.7	0.9	0.02	0.01	—	0.07	0.08	0.06	0.06
甜菜	15.0	0.43	0.41	2.7	1.8	0.04	0.02	—	0.02	0.05	0.03	0.02
芜青甘蓝	11.5	0.37	0.35	1.6	1.0	0.06	0.05	—	0.05	0.03	0.04	0.04
西瓜皮	6.6	0.14	0.13	0.6	1.3	0.02	0.02	—	0.01	0.01	0.01	0.01
西葫芦	3.0	0.07	0.07	0.6	0.5	0.02	0.05	—	0.02	0.20	0.02	0.06
五、青干草类												
青干草粉	90.6	0.59	0.56	8.9	33.7	0.54	0.25	0	0.31	0.21	0.32	0.30
秋白草粉	85.2	0.94	0.89	6.8	27.5	0.21	0.16	0	0.29	0.36	0.22	0.26
苜蓿干草(日晒)	89.6	1.57	1.46	15.7	27.5	1.25	0.23	0	0.61	0.26	0.64	0.52

续表

饲料名称	干物质(%)	消化能(兆卡)	代谢能(兆卡)	粗蛋白质(%)	粗纤维(%)	钙(%)	磷(%)	植酸磷(%)	赖氨酸(%)	蛋+胱氨酸(%)	苏氨酸(%)	异亮氨酸(%)
苜蓿干草(人工)	91.0	1.76	1.63	18.0	21.5	1.33	0.29	0	0.65	0.42	0.55	0.53
秣食豆秧	89.0	1.26	1.16	18.2	31.5	1.70	0.37	0	0.07	0.43	0.55	0.64
紫云英草粉	88.0	1.64	1.50	22.3	19.5	1.42	0.43	0	0.85	0.34	0.83	0.81
六、农副产品类												
大豆秸粉	93.2	0.17	0.16	8.9	39.8	0.87	0.05	0	0.27	0.14	0.20	0.18
谷糠	91.1	1.12	1.06	8.6	28.1	0.17	0.47	—	0.21	0.25	0.21	0.24
花生藤	90.0	1.65	1.54	12.2	21.8	2.80	0.10	0	0.40	0.27	0.32	0.37
玉米秸粉	88.8	0.55	0.52	3.3	33.4	0.67	0.23	0	0.05	0.07	0.10	0.05
七、谷实类												
大麦	88.0	2.91	2.73	10.5	6.5	0.03	0.30	0.15	0.40	0.45	0.38	0.37
稻谷	88.6	2.77	2.62	6.8	8.2	0.03	0.27	0.14	0.27	0.30	0.25	0.25
高粱	87.0	3.37	3.18	8.5	1.5	0.09	0.36	0.21	0.24	0.21	0.32	0.35
裸大麦	87.4	3.31	3.11	10.7	2.2	0.07	0.32	0.18				
荞麦	87.9	2.65	2.48	12.5	12.3	0.13	0.29	0.14	0.67	0.65	0.44	0.42

续表

饲料名称	干物质（%）	消化能（兆卡）	代谢能（兆卡）	粗蛋白质（%）	粗纤维（%）	钙（%）	磷（%）	植酸磷（%）	赖氨酸（%）	蛋+胱氨酸（%）	苏氨酸（%）	异亮氨酸（%）
碎米	87.6	3.51	3.32	6.9	0.9	0.14	0.25	0.06	0.24	0.36	0.24	0.25
小麦	86.1	3.25	3.05	11.1	2.2	0.05	0.32	0.18	0.35	0.56	0.33	0.40
小米	87.7	3.07	2.87	12.0	7.6	0.04	0.27	0.14	0.48	0.37	0.39	0.41
燕麦	89.6	2.87	2.70	9.9	9.7	0.15	0.23	0.23	0.58	0.12	0.28	0.28
玉米(北京)	88.0	3.43	3.23	8.5	1.3	0.02	0.21	0.16	0.26	0.48	0.31	0.25
玉米(黑龙江)	88.3	3.36	3.17	7.8	2.1	0.03	0.28	0.16	0.25	0.42	0.28	0.25
八、糠麸类												
大麦麸	87.0	2.96	2.75	15.4	5.1	0.33	0.48	0.46	0.32	0.33	0.27	0.36
大麦糠	88.2	2.44	2.28	12.8	11.2	0.33	0.48	0.46	0.32	0.33	0.27	0.36
高粱糠	88.4	2.89	2.71	10.3	6.9	0.30	0.44	—	0.38	0.39	0.34	0.42
米糠	80.7	2.71	2.54	11.6	6.4	0.06	1.58	1.33				
统糠(三七)	90.0	0.76	0.72	5.4	31.7	0.36	0.43	—	0.21	0.30	0.19	0.12
统糠(二八)	90.6	0.50	0.48	4.4	34.7	0.39	0.32	—	0.18	0.26	0.16	0.11
小麦麸	87.9	2.53	2.36	13.5	10.4	0.22	1.09	0.06	0.67	0.74	0.54	0.49

续表

饲料名称	干物质(%)	消化能(兆卡)	代谢能(兆卡)	粗蛋白质(%)	粗纤维(%)	钙(%)	磷(%)	植酸磷(%)	赖氨酸(%)	蛋+胱氨酸(%)	苏氨酸(%)	异亮氨酸(%)
细米糠	89.9	3.75	3.49	14.8	9.5	0.09	1.74	—	0.57	0.67	0.47	0.43
细麦麸	88.1	3.16	2.94	14.3	4.6	0.09	0.50	—	0.50	0.35	0.42	0.44
玉米糠	87.5	2.61	2.45	9.9	9.5	0.08	0.48	—	0.49	0.27	0.41	0-.41
三等面粉	87.8	3.37	3.10	11.0	0.8	0.12	0.13	—	0.42	0.67	0.36	0.37
九、豆类												
蚕豆	87.3	3.08	2.80	24.5	5.9	0.09	0.38	0.19	1.82	0.79	1.00	1.13
大豆	88.8	3.96	3.50	37.1	4.9	0.25	0.55	0.20	2.51	0.92	1.48	2.03
黑豆	91.0	3.92	3.46	37.9	5.7	0.27	0.52	0.17	1.60	0.56	0.89	1.89
豌豆	87.3	3.10	2.84	22.2	5.6	0.14	0.34	0.08	1.88	0.42	0.99	0.87
小豆	88.0	3.19	2.93	20.7	4.9	0.07	0.31	—	1.60	0.24	0.87	0.80
十、油饼类												
菜籽饼	91.2	2.77	2.45	37.4	11.7	0.61	0.95	0.57	1.18	2.18	1.42	1.28
豆饼	88.2	3.24	2.84	41.6	4.5	0.32	0.50	0.23	2.49	1.23	1.71	1.87
亚麻饼	90.5	2.61	2.34	31.1	13.5	0.45	0.54	0.53	0.77	0.50	0.85	0.72
花生饼	89.6	3.36	2.93	43.8	3.7	0.33	0.58	0.20	1.17	1.75	1.02	1.22
糠饼	91.5	2.57	2.40	13.6	11.6	0.07	1.87	1.55	0.54	0.92	0.63	0.56

续表

饲料名称	干物质(%)	消化能(兆卡)	代谢能(兆卡)	粗蛋白质(%)	粗纤维(%)	钙(%)	磷(%)	植酸磷(%)	赖氨酸(%)	蛋+胱氨酸(%)	苏氨酸(%)	异亮氨酸(%)
棉籽饼	90.3	2.60	2.31	35.7	13.5	0.40	0.50	—	1.59	1.98	1.34	1.94
葵籽饼(带壳)	89.0	1.82	1.63	31.5	22.6	0.40	0.40	—	0.58	0.66	0.73	0.59
棉籽饼	92.3	2.76	2.47	32.3	12.5	0.36	0.81	0.63	1.15	1.09	1.05	0.77
椰籽饼	91.2	2.68	2.44	24.7	12.9	0.04	0.06	—	0.54	0.53	0.60	1.00
亚麻籽饼	91.1	3.01	2.67	35.9	8.9	0.39	0.87	—	0.90	0.54	1.20	1.02
玉米胚芽饼	91.8	3.22	2.98	16.8	5.5	0.04	1.48	—	0.67	0.80	0.60	0.49
芝麻饼	91.7	3.35	2.98	35.4	4.9	1.49	1.16	0.88	0.76	1.69	1.46	1.39
豆粕	89.6	3.13	2.71	45.6	5.9	0.26	0.57	0.23	2.90	1.32	1.70	2.50
十一、糟渣类												
醋糟	35.2	1.13	1.07	8.5	3.0	0.73	0.28	0.06	0.27	0.55	0.28	0.27
豆腐渣	15.0	0.33	0.31	3.9	2.8	0.02	0.04	—	0.26	0.12	0.46	0.20
粉渣(豆类)	14.0	0.29	0.28	2.1	2.8	0.06	0.03	—				
粉渣(薯类)	11.8	0.30	0.29	2.0	1.8	0.08	0.04	—	0.14	0.12	0.10	0.10
酒糟	32.5	0.81	0.77	7.5	5.7	0.19	0.20	—	0.33	0.80	0.45	0.51
啤酒糟	13.6	0.33	0.31	3.6	2.3	0.06	0.08	—	0.14	0.19	0.14	0.16
甜菜渣	15.2	0.34	0.33	1.3	2.8	0.11	0.02		0.34	0.18	0.47	0.38
酱渣	35.0	0.91	0.85	11.4	3.30	0.07	0.03		0.53	1.41	0.67	1.07

续表

饲料名称	干物质(%)	消化能(兆卡)	代谢能(兆卡)	粗蛋白质(%)	粗纤维(%)	钙(%)	磷(%)	植酸磷(%)	赖氨酸(%)	蛋+胱氨酸(%)	苏氨酸(%)	异亮氨酸(%)
十二、动物性饲料												
牛乳	12.2	0.73	0.70	2.9	0	0.22	0.09	—	0.24	0.13	0.14	0.15
蚕蛹渣	90.5	3.04	2.49	69.7	0	0.30	0.77	0	3.61	3.63	2.38	2.35
鱼粉(秘鲁)	92.0	2.97	2.46	65.1	0	5.11	2.88	0	5.10	2.20	2.80	2.77
全脂奶粉	90.0	5.38	4.93	21.4	0	1.62	0.66	0	2.40	1.08	1.60	2.70
肉骨粉(50%)	92.4	2.88	2.49	45.0	0	11.0	5.90	0	2.49	1.02	1.63	1.32
血粉	89.3	2.61	2.09	78.0	—	0.30	0.23	0	7.04	2.47	3.03	0.71
酵母	91.7	2.92	2.53	47.1	—	0.45	1.48	0	2.57	0.27	2.18	2.19
鱼粉	91.3	2.73	2.33	53.6	—	3.10	1.17	0	3.90	1.62	2.19	2.25
十三、矿物质饲料												
贝壳粉						32.60						
蚕壳粉						37.00	0.15					
骨粉						30.12	13.46					
磷酸钙						27.91	14.38					
磷酸氢钙						23.10	18.70					
石粉						35.00	0					
碳酸钙						40.00	0					

第十一章　配合饲料的配制及方法

一、制定饲料配方的原则

制定猪的配合饲料配方，必须遵循三条原则：一是保证配合饲料的营养性，在生产上应有实效；二是保证食用安全性；三是保证有良好的经济效益。

1. 应当符合饲养标准

饲养标准中包括了各类猪1天所需要的营养量以及每千克饲粮中的养分含量。按照饲养标准所制定的日粮配方喂猪，既不缺乏猪必需的各种营养物质，也不会因饲料过剩而造成浪费，可使养猪生产取得最佳经济效益。

兼用型猪的饲养标准，可参照全国猪的饲料标准研究协作组1983年修订的《猪的饲养标准(肉脂型)》，见表11-1、表11-2；南方地区生长育肥猪的饲养标准见表11-3。我国瘦肉型猪的饲养标准尚在制定中，目前可参考黑龙江省的《三江白猪饲养标准(1983修订)执行，见表11-4。

表 11-1　肉脂型仔猪饲养标准(1983)

项　　目	头每日营养需要量			每千克饲粮养分含量		
体重(千克)	1～5	5～10	10～20	1～5	5～10	10～20
预期日增重(克)	160	280	420	160	280	420
采食风干料量(千克)	0.20	0.46	0.91			
消化能(兆卡)	0.80	1.68	3.01	4.00	3.62	3.31
代谢能(兆卡)	0.72	1.53	2.77	3.62	3.31	3.05
粗蛋白质(克,%)	54	100	175	27	22	19
赖氨酸(克,%)	2.80	4.60	7.1	1.4	1.00	0.78
蛋+胱氨酸(克,%)	1.60	2.7	4.6	0.80	0.59	0.51
苏氨酸(克,%)	1.60	2.7	4.6	0.80	0.59	0.51
异亮氨酸(克,%)	1.80	3.1	5.0	0.90	0.67	0.55
钙(克,%)	2.0	3.8	5.8	1.00	0.83	0.64
磷(克,%)	1.60	2.9	4.9	0.80	0.63	0.54
食盐(克,%)	0.50	1.2	2.1	0.25	0.26	0.23
铁(毫克)	33	67	71	165	146	78
锌(毫克)	22	48	71	110	104	78
锰(毫克)	0.90	1.9	2.7	4.50	4.1	3.0

表 11-2　生长肥育猪饲料标准 (1983)

项　　目	每日每头营养需要量			每千克饲粮养分含量		
体重(千克)	20～35	35～60	60～90	20～35	35～60	60～90
预期日增重(克)	500	600	650	500	600	650
采食风干料量(千克)	1.52	2.20	2.83			
消化能(兆卡)	4.71	6.82	8.77	3.1	3.10	3.10
(兆焦)	19.7	28.53	36.69	12.97	12.97	12.97
代谢能(兆卡)	4.38	6.36	8.18	2.88	2.89	2.89

续表

项　目	每日每头营养需要量			每千克饲粮养分含量		
粗蛋白质(克,%)	243	308	368	16	14	13
赖氨酸(克,%)	9.8	12.30	14.7	0.64	0.56	0.52
蛋+胱氨酸(克,%)	6.4	8.10	7.9	0.42	0.37	0.28
苏氨酸(克,%)	6.2	7.90	9.6	0.41	0.36	0.34
异亮氨酸(克,%)	7.0	9.0	10.80	0.46	0.41	0.38
钙(克,%)	8.4	11.0	13.0	0.55	0.50	0.46
磷(克,%)	7.0	9.10	10.4	0.46	0.41	0.37
食盐(克,%)	4.6	6.6	8.5	0.3	0.3	0.3
铁(毫克)	84	101	104	55	46	37
锌(毫克)	84	101	104	55	46	37
锰(毫克)	3	4	5	2	2	2
铜(毫克)	6	6	8	4	3	3
碘(毫克)	0.20	0.28	0.36	0.13	0.13	0.13
硒(毫克)	0.23	0.33	0.28	0.15	0.15	0.10

表 11-3 南方生长肥育猪饲养标准(每千克风干饲粮含营养量)

活 重(千克)	10～20	20～35	35～60	60～90
预期日增重(克)	420	560	634	672
预期每千克饲料增重(克)	433	337	258	222
每增重 1 千克需饲料(千克)	2.31	2.97	3.88	4.50
消化能(千卡)	3 238	3 000	2 900	2 900
可消化粗蛋白(克)	152	129	111	102
粗蛋白(%)	20.0	17.2	14.8	13.6
粗纤维(%)	5.6	6.8	7.6	8.0
能朊比	21:1	23:1	26:1	28:1

续表

活 重(千克)	10～20	20～35	35～60	60～90
钙(%)	0.60	0.59	0.44	0.44
磷(%)	0.46	0.46	0.35	0.35
食盐(%)	0.5	0.5	0.5	0.5
胡萝卜素(%)	3.2	2.3	2.3	2.2
赖氨酸(%)	0.79	0.76	0.65	0.59
蛋氨酸+胱氨酸(%)	0.63	0.54	0.46	0.43
色氨酸(%)	0.16	0.14	0.12	0.11

根据上述饲养标准,我们在运用表中数据计算日粮配方时,应着重考虑消化能和可消化蛋白质这两项主要指标。由于有些饲料尚未分析出可消化蛋白质的含量,所以,在计算时仍采用其粗蛋白质的含量。必需氨基酸用量适当与否,直接影响日粮的营养水平,并对节约蛋白质饲料有重要意义,但在配方计算中,为简化程序和实用起见,通常不作精确计算,而采取添加商品氨基酸的办法予以充分满足。

2. 注意日粮的适口性

笔者的饲料配方强调使用松针粉,它在日粮配方所占比例要适当。由于松针粉有一股松香味,开始猪不太愿吃,三五天后就会习惯了。当猪适应后,不要轻易改变配方。一旦饲料中突然缺乏松针粉,猪就不愿吃。

3. 尽量降低饲料成本

配制日粮时,应尽量选择本地产的饲料,用自己采集到的廉价饲料(如松针)更好。

表 11-4 三江白猪饲养标准(1983 年修订):生长肥育猪

	每日每头营养需要量						每千克饲养粮养分含量					
体重(千克)	1~5	5~10	10~20	20~35	35~60	60~90	1~5	5~10	10~20	20~35	35~60	60~90
预期日增重(克)	170	250	460	550	600	650						
采食风干料量(千克)	0.187	0.47	1.00	1.57	2.13	2.74						
饲粮/增重	1.10	1.88	2.17	2.85	3.55	4.22						
增重/饲粮	0.91	0.53	0.46	0.35	0.28	0.24						
消化能(兆卡)	0.90	1.60	3.30	5.02	6.81	8.77	4.80	3.40	3.30	3.20	3.20	3.20
代谢能(兆卡)	0.86	1.54	3.17	4.82	6.54	8.42	4.61	3.26	3.17	3.07	3.07	3.07
粗蛋白质(克)	45	99	200	267	320	384	240	210	200	170	150	140
赖氨酸(克)	3.1	5.8	7.7	17.1	20.4	24.7	16.6	12.4	7.7	10.9	9.6	9.0
蛋+胱氨酸(克)	1.9	2.5	5.0	8.3	9.8	11.8	9.9	5.4	5.0	5.3	4.6	4.3
苏氨酸(克)	1.9	2.5	5.0	9.4	11.1	13.4	9.9	5.4	5.0	6.0	5.2	4.9
异亮氨酸(克)	2.1	2.9	5.5	9.1	10.9	13.2	11.0	6.1	5.5	5.8	5.1	4.8
钙(克)	2.2	3.7	6.4	8.9	11.1	12.9	11.7	7.8	6.4	5.7	5.2	4.7
磷(克)	1.7	2.7	5.4	7.4	8.9	10.4	9.1	5.8	5.4	4.7	4.2	3.8
食盐(克)	0.60	1.0	2.3	6.3	9.6	13.7	3.0	2.2	2.3	4.0	4.5	5.0
铁(毫克)	36	64	78	89	100	104	195	136	78	57	47	38
锌(毫克)	24	46	78	89	100	129	130	97	78	57	47	47
锰(毫克)	1.0	1.8	2.9	3.0	4.0	5.0	5.2	3.9	2.9	1.9	2.0	1.9

4. 必须考虑猪的生理特点

猪属于单胃家畜,消化粗纤维能力差,粗饲料不宜多用。在体重10～20千克阶段不可喂粗糠;20～35千克阶段,饲料中尽量不用统糠、二八糠、三七糠等,日粮粗纤维含量不应超过13%。

5. 掌握好日粮组分比例

日粮中各种饲料的比例要控制在适宜范围内,不可随意增减。

(1)未去毒的饲料的比例要控制在规定范围内。比如,未经脱毒处理的菜籽饼不能超过7%,含毒棉籽饼不能超过10%。

(2)掌握好饲粮中能量与蛋白质的比例。饲粮中平均每1 000千卡消化能应含有的可消化蛋白质为:体重20千克以下的仔猪,57.4～67.5克;生长肥育猪,41.9～51.6克;母猪,39.3～48.7克。

(3)掌握好钙与磷的比例。饲粮中钙、磷的比例合适与否,对钙、磷的吸收有很大影响。饲粮中含钙过多则影响磷的吸收,含磷过多也会影响钙的吸收。猪无论是钙或磷不足,都会影响骨骼的生长。猪日粮中钙与磷的比例以2:1或1.5:1为宜。

(4)控制粗纤维的含量。体重10～20千克阶段,饲料中粗纤维含量不能超过5.6%;20～35千克阶段,不能超过6.8%;35～60千克阶段,不能超过7.6%;60～90千克阶段,不能超过8%。

(5)注意青粗饲料添用量。小猪少喂青粗料,大中猪可喂青粗料。

(6)注意配合饲料的体积。小猪阶段应配制体积小的饲粮,大猪阶段宜添加糠麸类等体积大的饲粮,以满足猪的饱腹感。

二、廉价饲料配方的计算方法

计算养猪饲料配方,一般采用试差法。

现代营养科学研究表明,饲料的配合,实际上是营养素的合理组合。看一个配方的好坏,除了适口性、体积、安全性等因素外,主要看其能量、蛋白质、氨基酸(赖氨酸、蛋氨酸+胱氨酸)、维生素、矿物质元素等营养成分是否符合营养标准,且比例适当。

例如,南方省区某养猪户有一头90千克重的猪,计划每天增重1千克,要求配制既符合饲养标准又价格低廉的配合饲料。该户现有饲料:玉米、稻谷、黄豆、米糠、松针粉、机榨花生麸、干花生藤、干红薯藤、豆饼、骨粉和食盐等。

计算方法和步骤如下。

第一步:查南方生长育肥猪的《饲养标准》表可知,猪活重在60~90千克阶段时,其每千克饲粮中养分含量为:消化能2 900千卡,粗蛋白质13.6%,钙0.44%,磷0.35%,蛋氨酸+胱氨酸0.43%。

第二步:查猪的饲料成分及其营养价值表(见第十章表10-4),列出该户能提供饲料的各种营养成分(表11-5)。

表 11-5 待配饲料的营养成分

饲料名称	数量(千克)	消化能(千卡)	粗蛋白质(%)	钙(%)	磷(%)	赖氨酸(%)	蛋氨酸+胱氨酸(%)
玉米	1	3 460	8.6	0.04	0.21	0.27	0.31
稻谷	1	2 870	7.3	0.07	0.28	0.31	0.22
米糠	1	3 020	12.1	0.14	1.04	0.56	0.45
松针粉	1	4 000	8.96	0.54	0.08	0.43	0.51
干花生藤	1	1 070	10.65	0.44	0.1	1.56	0.51
干红薯藤	1	1 790	10.6	1.35	0.11	0.74	0.53
黄豆	1	3 960	37	0.27	0.48	2.30	0.95
豆饼	1	3 240	43	0.32	0.5	2.45	1.08
花生饼	1	3 360	43.9	0.25	0.52	1.35	0.99
骨粉	1			48.79	14.06		
食盐	1						

第三步:按能量分配初步搭配,并计算日粮配方的主要养分。注意:

(1)列出的比例数是百分比,而不是重量(千克)。计算出符合饲养标准要求的百分比后,就可按此比例拌和所需数量(千克)的配合饲料。

(2)各种饲料所占比例的合计数必须为100%。某些成分如百日出栏法促长剂占0.1%,食盐占0.5%,虽没有营养成分可计,但列百分比时,也要一一列入表中。

(3)拟定各种饲料的比例数时,先确定剂量精确的促长剂、食盐等的百分比,然后拟定蛋白质饲料的百分比,最后拟定能量饲料的百分比。

(4)蛋白质饲料应同时采用动、植物蛋白质饲料,品种要有3种以上,而且所占的比例大致相等,不宜相差太大。同时,要考虑猪的不同生长阶段来规定配方中蛋白质饲料的百分比:10～20千克,蛋白质饲料应占30%左右;20～35千克,占26%～28%;35～60千克,占24%～26%;60～90千克,占22%～24%。

(5)计算时要把百分比化为小数,以利加减计算。如玉米占25%,化为0.25(25÷100=0.25);稻谷20%,化为0.20;干花生藤5%,化为0.05。在换算时勿弄错小数点的位数。

第四步:将第三步计算出来的各种营养成分(表11-6)与饲养标准进行比较(表11-7),其误差允许在5%范围内。如误差值超过5%,应重新修改饲料所占百分比进行调整。这里要注意几个问题。

(1)这里的饲料标准数据是在第一步时查《饲养标准》后列出来的。

(2)试配合成分的数据是表11-6最末一栏所列出的合计数。

(3)"相差"一栏中的加号(+)表示试配成分比饲养标准多了,减号(-)表示试配成分比饲养标准少了。

(4)所谓误差5%,指与饲养标准相比而言,例如:活重90千克的生长育肥猪其饲养标准对消化能的要求为2 900千卡/千克,其误差5%即为2 900×5%=(2 900×5)÷100=145千卡。也就是说,如果试配饲料每千克所含消化能比饲养标准值(2 900千卡/千克)多了0～145千卡或少了0～145千卡,均在允许范围内。以百分比(%)为单位的(如粗蛋白质),

表 11-6 试配日粮的主要养分计算

饲料名称	比例（%）	消化能（千卡）	粗蛋白（%）	钙（%）	磷（%）	赖氨酸（%）	蛋氨酸+胱氨酸（%）
玉米	25	3 460×0.25 =865	8.6×0.25 =2.15	0.04×0.25 =0.01	0.12×0.25 =0.052	0.27×0.25 =0.067	0.31×0.25 =0.077
稻谷	20	2 870×0.20 =574	8.3×0.20 =1.66	0.07×0.20 =0.014	0.28×0.20 =0.056	0.31×0.20 =0.062	0.22×0.20 =0.044
米糠	10	3 020×0.10 =302	12.1×0.10 =1.21	0.14×0.10 =0.014	1.04×0.10 =0.104	0.56×0.10 =0.056	0.45×0.10 =0.045
松针粉	10	4 000×0.1 =400	8.96×0.10 =0.896	0.54×0.10 =0.054	0.08×0.10 =0.008	0.43×0.10 =0.043	0.51×0.10 =0.051
干花生藤	5	1 070×0.05 =53.5	10.65×0.05 =0.52	0.44×0.05 =0.022	0.1×0.05 =0.005	1.56×0.05 =0.078	0.051×0.05 =0.026
干红薯藤	4.4	1 790×0.044 =78.76	10.6×0.044 =0.47	1.35×0.044 =0.059	0.11×0.044 =0.004	0.74×0.044 =0.032	0.53×0.044 =0.023
黄豆	7	3 960×0.07 =277.2	37×0.07 =2.59	0.27×0.07 =0.018	0.48×0.07 =0.003	2.30×0.07 =0.16	0.95×0.07 =0.067

续表

饲料名称	比例（%）	消化能（千卡）	粗蛋白（%）	钙（%）	磷（%）	赖氨酸（%）	蛋氨酸＋胱氨酸（%）
豆饼	9	3 240×0.09 =291.6	43×0.09 =3.87	0.32×0.09 =0.028	0.5×0.09 =0.045	2.45×0.09 =0.22	1.08×0.09 =0.097
花生饼	8	3 360×0.08 =268.8	43.9×0.08 =3.5	0.25×0.08 =0.02	0.52×0.08 =0.041	1.35×0.08 =0.108	0.99×0.08 =0.079
骨粉	1			48.79×0.01 =0.48	14.06×0.01 =0.14		
促长剂	0.1						
食盐	0.5						
合计	100	3110.86	16.86	0.7196	0.458	0.826	0.51

表 11-7　试配成分与饲养标准比较

项　目	消化能（千卡）	粗蛋白质（%）	钙（%）	磷（%）	赖氨酸（%）	蛋氨酸＋胱氨酸（%）
饲养标准	2900	13.6	0.44	0.35	0.59	0.43
试配成分	3110.86	16.86	0.7269	0.488	0.826	0.51
相　　差	＋210.86	＋2.76	＋0.286	＋0.138	＋0.236	＋0.08

其误差5%是指百分比幅度,而不是指相差5个百分点。如上述试配成分的粗蛋白质为16.36%,即比饲养标准多2.76个百分点,如按百分比幅度计算,其误差值应为2.76÷13.6=0.20=20%,即大大超过了允许误差值5%,必须予以调整;否则,蛋白质饲料过多,将导致饲料成本上升。

(5)钙、磷含量及其比例应符合饲养标准要求;赖氨酸、蛋氨酸+胱氨酸不可少于饲养标准要求,缺多少,补多少,可使用添加剂解决。

从上述试配结果来看,消化能等9项指标均大大高于饲养标准(超出的幅度达7%~65%),所以均应加以调整。调整时,首先要考虑满足消化能和粗蛋白质这两项主要指标要求,其他如钙、磷、赖氨酸、蛋氨酸、蛋氨酸+胱氨酸等如果偏少,可考虑采用掺喂添加剂予以补足。

第五步:对各种成分进行调整。从试配合结果看,消化能多了210.86千卡(超出幅度为7.2%),粗蛋白质多了2.76个百分点(超出幅度达20%)。故调整的对象应当是消化能较高且含蛋白质多的饲料,即把这些饲料在配方中所占的比例减少,同时相应地增加含能量低、蛋白质少的饲料品种的比例,这样调整一两次就可达到预期效果。

在上述试配日粮中,豆饼含能量高、蛋白质多,故先把豆饼全部去掉,这样总消化能就为3110-291.6=2819.6(千卡);粗蛋白质含量为16.36-3.87=12.49(%)。去掉豆饼所占的9%比例后,相应增加消化能含量较低、粗蛋白质含量较少的干花生藤的比例,把它从5%提高到14%(即增加9%),使各项饲料所占比例累计仍保持100%。

表 11-8　配方调整后日粮营养成分计算

饲料名称	比例（%）	消化能（千卡）	粗蛋白（%）	钙（%）	磷（%）	赖氨酸（%）	蛋氨酸+胱氨酸（%）
玉米	25	3 460×0.25 =865	8.6×0.25 =2.15	0.04×0.25 =0.01	0.12×0.25 =0.052	0.27×0.25 =0.067	0.31×0.25 =0.077
稻谷	20	2 870×0.20 =574	8.3×0.20 =1.66	0.07×0.20 =0.014	0.28×0.20 =0.056	0.31×0.20 =0.062	0.22×0.20 =0.044
米糠	10	3 020×0.10 =302	12.1×0.10 =1.21	0.14×0.10 =0.014	1.04×0.10 =0.104	0.56×0.10 =0.056	0.45×0.10 =0.045
松针粉	10	4 000×0.1 =400	8.96×0.10 =0.896	0.54×0.10 =0.054	0.08×0.10 =0.008	0.43×0.10 =0.043	0.51×0.10 =0.051
干花生藤	14	1 700×0.14 =149.8	10.65×0.14 =1.49	0.44×0.14 =0.061	0.10×0.14 =0.014	1.56×0.14 =0.21	0.51×0.14 =0.071
干红薯藤	4.4	1 790×0.044 =78.76	10.6×0.044 =0.47	1.35×0.044 =0.059	0.11×0.044 =0.004	0.74×0.044 =0.032	0.53×0.044 =0.023
黄豆	7	3 960×0.07 =277.2	37×0.07 =2.59	0.27×0.07 =0.018	0.48×0.07 =0.033	2.30×0.07 =0.16	0.95×0.07 =0.067

续表

饲料名称	比例(%)	消化能(千卡)	粗蛋白(%)	钙(%)	磷(%)	赖氨酸(%)	蛋氨酸+胱氨酸(%)
花生饼	8	3 360×0.08 =268.9	43.9×0.08 =3.51	0.25×0.08 =0.02	0.52×0.08 =0.041	1.35×0.08 =0.108	0.99×0.08 =0.079
骨粉	1			48.79×0.01 =0.48	14.06×0.01 =0.14		
促长剂	0.1						
食盐	0.5						
合计	100	2915.56	13.46	0.73	0.452	0.74	0.45

经过调整，日粮消化能达 2 915.56 千卡，粗蛋白质 13.6%，与饲养标准对照，都不超过误差 5%的范围，钙、磷比例合适；蛋氨酸＋胱氨酸基本符合要求，赖氨酸稍多一些（偏于有利），详见表 11-8。

第六步：当计算出每千克饲粮的消化能后，就可以计算日喂量。

$$日喂量=\frac{每天需要能量(维持生命+增重能量)}{自配饲粮每千克所含能量}(千克)$$

例如，经过计算确定了 90 千克育肥猪的日配粮方后，1 头猪要求日增重 1 千克，每天应喂多少饲料呢？

我们先从表 11-9 中查知：体重 90 千克的猪，增重 1 千克需要能量 11 849 千卡。然后用上述日喂量公式计算，即：

$$日喂量=\frac{11\,849\ 千卡}{2\,915\ 千卡/千克}=4.06\ 千克$$

式中：2 915 千卡是调整后每千克饲料所含有消化能。

由于上述饲粮所含能量高，营养全面，生猪实际日采食量一般达不到 4.06 千克。

百日出栏法的特点之一是采用高能量、高蛋白的日粮，所以，配合饲料的能量和粗蛋白质，要求比饲养标准略高些，现按不同体重分述如下。

10～20 千克：每千克饲料含消化能 3 200～3 400 千卡，粗蛋白质 20%；

20～35 千克：每千克饲料含消化能 3 100～3 200 千卡，粗蛋白质 17%～18%；

35～60 千克：每千克饲料含消化能 2 900～3 000 千卡，粗蛋白质 14%～15%；

表 11-9 育肥猪每天所需消化能可消化蛋白质

体重(公斤)	计划日增重	0.1	0.2	0.3	0.4	0.5	0.6	0.7	0.8	0.9	1
10	能量	1 349	1 813	2 277	2 741	3 205	3 669	4 113	4 597	5 061	5 525
	可消化蛋白质	37	58	68	84	99	115	33	144	161	177
20	能量	1 915	2 411	2 907	3 403	3 899	4 395	4 841	5 387	5 883	6 379
	可消化蛋白质	52	68	75	101	118	134	151	167	184	200
30	能量	2 342	2 856	3 370	3 884	4 398	4 912	5 426	5 940	6 454	3 958
	可消化蛋白质	63	80	96	115	132	146	166	183	200	217
40	能量	2 758	3 368	3 978	4 588	5 198	5 808	6 418	7 682	7 638	8 248
	可消化蛋白质	74	95	105	135	156	176	196	217	237	257
50	能量	3 097	3 797	4 497	5 197	5 897	6 597	7 297	7 997	8 697	9 397
	可消化蛋白质	83	107	130	153	177	200	223	247	270	293
60	能量	3 340	4 093	4 845	5 599	6 392	7 105	7 858	8 611	8 364	1 0117
	可消化蛋白质	90	116	130	165	191	216	241	266	291	316
70	能量	3 511	4 322	5 133	5 994	6 755	7 566	8 377	9 188	9 999	1 0610
	可消化蛋白质	91	114	138	161	184	207	230	253	277	300
80	能量	3 646	4 483	5 320	6 153	6 994	7 831	8 668	9 505	10 342	11 179
	可消化蛋白质	94	118	142	166	182	213	237	261	285	309
90 以上	能量	3 749	4 679	5 549	6 449	7 349	8 249	9 149	10 049	10 149	11 849
	可消化蛋白质	97	122	148	174	200	225	251	278	303	323

注:表中单位:日增生:千克;能量:千卡;可消化蛋白质。克

60～90 千克：每千克饲料含消化能 2 900～3 000 千卡，粗蛋白质 13%～14%；

三、百日出栏法的参考配方

1. 体重 10～20 千克阶段

玉米 44%，稻谷 7%，花生饼（或豆饼）15%，麦麸（或大米）20%，松针粉 5%，淡鱼粉（秘鲁鱼粉）7%，过磷酸钙 1%，蛋氨酸 0.05%，赖氨酸 0.15%，食盐 0.7%，促长剂 0.1%。每 50 千克饲料添加干酵母 100 片，土霉素 20 片，钙片 20 片，多维素 5 克。

2. 体重 20～35 千克阶段

玉米 44%，木薯粉 12%，麦麸（或大米）15%，松针粉 10%，淡鱼粉（秘鲁鱼粉）7%，花生饼 10%，过磷酸钙 1%，蛋氨酸 0.05%，赖氨酸 0.15%，食盐 0.7%，促长剂 0.1%。每 50 千克饲料添加干酵母 100 片，土霉素 20 片，钙片 20 片，多维素 5 克。

3. 体重 35～60 千克阶段

玉米 48%，麦麸（或大米）25%，花生饼（豆饼）10%，淡鱼粉（秘鲁鱼粉）5%，松针粉 10%，过磷酸钙 1%，食盐 0.7%，赖氨酸 0.15%，蛋氨酸 0.05%，促长剂 0.1%。每 50 千克饲料添加干酵母 100 片，土霉素 20 片，钙片 20 片，多维素 5 克。

4. 体重 60～90 千克阶段

玉米 40%，稻谷 12%，麦麸（或大米）20%，花生饼 10%，淡鱼粉（秘鲁鱼粉）6%，松针粉 10%，食盐 0.7%，过磷酸钙

1%,促长剂 0.1%,赖氨酸 0.15%,蛋氨酸 0.05%。每 50 千克饲料添加干酵母 100 片,土霉素 20 片,钙片 20 片,多维素 5 克。

上述配方中促长剂,其配方如下:硫酸锌 12 克,硫酸铜 12 克,硫酸亚铁 25 克,硫酸锰 7 克,氯化钴 2 克,碘化钾 1 克,亚硒酸钠 0.1 克,硫酸镁 8 克,硫酸镍 5 克,柠檬酸 15 克,分解剂 0.6 克,去毒剂 0.45 克,脱脂骨粉 25 克。由于配方中的各种组分很难配齐,特别是分解剂、去毒剂货源更少,建议读者不要自行配制促长剂,可以邮购解决。

"百日出栏法促长剂"系笔者总结多年快速育肥实践经验研制而成,含有 13 种矿物质元素,其中包括铜、锌、铁、锰、钴、碘、硒、镍等猪必需的微量元素,比市售的"三硫合剂"之类功效更齐全。1987 年 11 月广西壮族自治区农牧渔业厅组织一批高级畜牧兽医师对"百日出栏法促长剂"进行了技术鉴定,结论是对猪生长"有益无害"。自治区有关部门已对该促长剂授予批号准许生产。广西宁明县珍贵动物养殖技术服务部(地址:宁明县城中镇宁爱街 147 号,电话:0771-8622272,邮政编码:532500)在发明人梁忠纪指导下具体经营该促长剂,并为全国各地养猪户办理邮购业务。

第十二章　怎样挑选仔猪

一、体质外貌的选择

仔猪的品质可根据外貌、生长发育和生产性能来评定。在个体选择上着重外型评定。首先，要明确对猪体各部位的要求，通常应予注意的部位是头、颈、躯干、臂部和四肢。

1. 头颈部位

头部的形状和大小，代表猪的品种特征，并且可以遗传给后代。

(1)头部：头部大小与体躯相称，表示仔猪发育正常。无论头大身小或头小身大都表示发育不良。一般公猪的头比母猪大，而长白猪的头比其他品种的猪稍小。头的长度与身躯的长度呈正相关。如长白猪头长身体也长，产肉率高；短嘴巴的本地猪，头短身体也短。

(2)额部：额部或躯体的宽窄均与猪的早熟性呈正相关。一般额头宽的躯体也宽，发育较快。额头要平坦、略突，皱纹太多的表示老相，长速慢，也叫“小老头猪”。

(3)鼻嘴：俗话说：“嘴槽深，鼻子空。”如果嘴槽深，往往吃得多。鼻嘴过于短凹的猪，体质比较细弱，采食和放牧都不利。比较合理的猪嘴,要求叉口长,嘴形圆略扁,唇薄,上下唇齐平。这种猪不挑食,先吃稀后吃干。还要求猪的牙齿洁白,牙发黄表明长得不好;门牙要有一定距离,太密表示体质弱。“鼻长空”是指鼻长没有毛病,要选鼻孔大的仔猪。

(4)耳朵:猪耳的大小和形状,也能显示品种特征。长白猪的耳大而薄,下垂或向前倾。耳皮薄,耳根鼓,表现早熟。

(5)颈部:颈的长短和厚度也与生长发育有关,它标志整个猪体的发育情况。颈部中等长、肌肉丰满且颈与头部及躯干衔接良好的猪,发育较快。母猪颈要细;公猪颈要粗短;肥育猪颈不要太粗。

2. 前躯部位

前躯部位,包括肩部、鬐甲、胸部、前肢,要求有发达的前躯。

(1)肩部:要求肩宽而平坦,肩胛倾斜。肩高的猪,胸部宽大发达,猪肩高腿也长,架子自然大,有利于快速育肥。肩宽不要超过臀部宽,肩中部不应狭窄。若肩宽超过臀部宽,一般是饱食母乳而不食饲料的仔猪。肩部狭窄,多是营养不良的表现。

(2)鬐甲:要平而宽,没有凹陷。鬐甲与背的结合部位也不要凹陷,否则表明发育不良。

(3)胸部:胸部宽而深的猪,心肺发达。这种猪呼吸和血液循环旺盛,生长发育快,能在短期内育肥。凡胸部狭窄,肋骨平直而短的猪,表示发育欠佳,生长不良。

(4)前肢:站立姿态要端正,开步行走有力,肌肉坚实,系部长短适中,不卧系,不拐肘,蹄形和大小正常,没有皲裂现象。

3. 中躯部位

中躯是指从肩胛骨后端的垂直线到腰角垂直线之间的躯干部分，包括背、腰等肉质好的部位。

（1）背部：是猪体长肉较多、肉质较优的部位。为了能生产更多的优质肉，要求背部平宽而直长。长白猪背线长，体侧长深，背呈弓形，脊梁宽阔。凹背一般是体质较弱的特征。一些老母猪或陆川猪等地方种猪也呈凹背。

（2）腰部：腰部应平直，长度适中，腰部与臀部衔接良好。

（3）腹部：猪的腹部要平直而紧凑，背线平直，尾着生部位高。大船板肚型的猪具有上述优点，其消化系统发达，不挑食，食量大，饲料的利用率和转化率高，增重快。如腹下垂，则发育不良；背线凹陷则成熟后肩腰部肌肉发育差。尾附着部位低，则腕骨和大腿骨发育不良，臀部和大腿肉量也不多。"蜘蛛肚"型的仔猪，2～4 月龄后就发育不良。

（4）乳房：母猪乳房发育要良好，无论公母猪有效奶头不要少于 6 对，应该排列匀称整齐，分布稀疏，最后一对奶头距离要开些。中间那对奶头如果对正肚脐，则仔猪抗寒力弱，容易患病。尖如钉状奶头不好。

4. 后躯部位

后躯是指腰角以后的部位，包括臀部、大腿、后肢和尾巴等。

（1）臀部：臀部要求长宽而平，或稍倾斜。臀部狭窄的"尖屁股"仔猪，成熟后腿及臀部肌肉发育不良，产肉不多。

（2）大腿：这是猪肉产量较高和品质较好的部位。对大腿部位总的要求是:厚、宽、长、圆,肌肉丰满。

(3)后肢:要求“后腿直、前胯松”。即猪的后腿应直而高,蹄距宽,膝头不要向内靠,若后腿弯曲过度,长到中猪阶段就会站立不起来。公猪的后肢要强健有力,采食时,后腿频频提起。“前胯松”,是指两个前腿间隔距离较大。

(4)尾巴:尾根要粗,如将尾尖毛刺手掌有针刺感为好。母猪的尾根最好能盖住阴户。公猪尾巴可略短。肉猪的尾巴不宜太长太粗。猪尾还可以显示猪的健康状况。健康的猪,尾巴往往卷一个圈或左右摆动,有病的猪尾巴大都下垂不动。

二、选购无病仔猪的诀窍

(1)购买有耳号的猪。耳号指猪耳朵上的缺口,那是兽医注射预防猪瘟疫苗后,用耳号钳剪成的。这种猪不容易感染猪瘟病。

(2)不买“8月猪”。指尽量避免在农历8月份上市场买猪。这期间各种猪病的发病率和死亡率很高,俗称“烂8月”。

(3)就近选购。若本地有理想的杂交仔猪,就在本地选购,在本村买更好。这样可以避免传染病及其他不良影响。

(4)最好选同窝猪。这样的猪买回来同圈饲养,长膘快。不同窝的猪容易发生互相殴斗、打架、追咬现象,影响仔猪生长。

(5)“抱重不抱轻”。指选购体重大的仔猪。50~60日龄体重应达到10~15千克。断奶重越大,发育增重越显著。

(6)挑选眼亮有神、鼻镜湿润有汗、鼻孔清洁、肩隆脚粗、摇头摆尾的猪，这种猪生长良好，健康活泼。病猪往往眼睛发红或有眼屎，鼻孔干燥或流涕，口流涎，咽喉肿胀或发红发紫。

(7)挑选“皮薄、毛稀、肉嫩”的猪。这种猪被毛光滑油润，皮肤呈粉红色，体质好，长得快。“肉老、毛浓、皮厚”的猪，俗称“铁皮猪”，长得慢。病猪的皮毛粗乱无光。

(8)挑选呼吸自如且有节奏，叫声宏亮，站立平稳，来回走动，拱地寻食发出吭吭声，神态自若，睡姿为卧式且四肢舒展的猪。病猪往往叫声尖细、嘶哑或咳嗽，呼吸急促喘息，或鼻翼扇动，或呈腹式呼吸，身体震颤，喜拱食臭水污泥，发烧时多卧阴湿处，睡觉呈卷曲或伏卧状。

(9)选择粪便圆粗有光泽，尿量和颜色正常，体温为38～39.5℃的健康猪。病猪的粪便干结或稀烂，有鲜血或黏液，肛门周围有污物，尿少而色黄，体温在38℃以下或39.5℃以上。

(10)选择饱吃大肚的猪。这种猪胃口好，吃得饱。肚中无食的猪大都有病。

(11)挑选胸腹血管特别是乳腺静脉粗露明显，皮肤松弛，尾肛间距短的猪。试将仔猪两后肢倒提，如果腹底皮肤(乳房中间)频频向两边摆动，乳房两侧皮肤血管清晰，说明皮肤较松，脉管较大，体况良好。

(12)选择无疥癣病的猪。

(13)正常猪的皮肤光滑而有弹性。若皮肤表面发现肿胀、溃疡、小结节时，必须查明原因。如皮肤表面有多处红斑或针尖状小红点，指压不褪色的，表明该猪可能患传染病。

三、购进仔猪的处理

(1)购买仔猪后,让其排出部分粪尿,肚饿后才起运,以免运输时车辆颠簸而伤亡。一般上午买猪下午运,夏天最好晚上运。

(2)仔猪在运输途中有时会出现应激症而突然死亡,特别是长白杂交一代猪,往往发生这种情况。可在运输前给每头猪注射 2 毫升冬眠灵。

(3)运输途中,特别是在炎热夏季仔猪容易中暑,嘴中冒出口沫。遇到这种情况,立即向猪鼻孔喷白酒或食醋,不久猪会自动好转(如患其他疾病,另法救治)。

(4)有的猪经过长途运输而患伤风感冒,待运到目的地,每头猪注射青霉素 120 万单位和链霉素 50 万单位。

(5)市场上有些卖主在出售前给仔猪灌喂水泥粉或沙砾,猪吃后粪便不易排出,因而体重增加。遇到这种情况的处理方法:①每头猪先用 50~90 克硫酸钠冲水溶解后灌服;或用 100~150 毫升食醋灌服;或用 90~100 毫升液体石蜡油灌服。②经上述处理后 5 小时注射新斯的明 1~2 毫升。③为了使仔猪尽快排粪,可用温肥皂水 500~700 毫升灌肠。④然后喂给青料如红薯藤、苦荬菜、象草等,待猪康复后,按常规饲养。

(6)有些卖主事先把仔猪喂得很饱,随即注射阿托品,使其不拉大小便而增加活重。遇到这种情况,每头仔猪皮下注射毛果云香碱(匹罗卡品)0.5~1.5 毫升即愈。

第十三章　猪入栏前后的处理

一、引进猪种注意事项

(1)以引入父母本种猪生产肥育仔猪为目的的,应考虑所引父母本的杂交后代是否有较高的杂种优势,是否适应当地饲养条件。

(2)为使引进的种猪尽快适应当地条件,应采取间接引种。比如,北方省区欲引进梅山公猪,不要直接去上海引进,最好从饲养梅山猪较好的北方猪场引种。欲引进内江猪作杂交父本,不宜直接到四川去引进,最好从北方地区省区猪场引种。北方有些地区引进大白猪、长白猪、克米猪曾发生不适应现象,表现容易发病,不能正常繁殖。无论北方或南方,要想引进良种,必须经过逐步转移、逐步驯化的过程,经过一段时间风土驯化之后,种猪才能逐渐适应当地条件。另外,也要考虑引种季节。北方从南方引种最好在夏季进行,让其在夏秋季适宜的气温条件下长大;入冬气温低时,应搞好防寒措施,让它逐渐适应。

(3)要严防疫病传播。引种之前,必须详细了解种猪产区的疫情,确认无病才引进。启运之前种猪必须进行检疫。

(4)引进种猪要考虑血缘关系,如果把有血缘关系的种猪,甚至同窝兄妹猪引回来,由于近亲繁殖就会造成引种失败。所以,引进的种猪不能含有血缘关系,并应带回血统卡,保存备用。

(5)引种的数量不宜过多。在一般情况下,每个大中型养猪场,引进或饲养不同特点的2~3个优良品种就够了。专业户的猪场可引进1~2个品种的种公猪,有计划地与本地母猪进行经济杂交或轮回杂交,提供有杂种优势的仔猪供育肥用。若引入品种过多,容易造成乱配,血统混杂。

(6)种猪的个体选择,要注意是否符合品种特征,体质状况、生殖器官及奶头是否有遗传缺陷等。

(7)掌握种猪习性及饲养管理条件。

二、入栏初期的饲养管理

从集市上新买进的猪,尤其是仔猪,在头一个月内很容易发病或死亡。这是因为猪上市前一般畜主让其吃得很饱,捉进猪笼后,经过担抬、乘车、交易、过秤和防疫注射,到新畜主家后,环境、饲料、饲喂方法有明显改变,猪一直处于高度紧张状态,导致机体各系统相应的机能紊乱,抗病力降低,易诱发或继发以高热、便秘、下痢为特征的疾病。加上来自四面八方的猪聚集市场上,难免造成疾病传播。因此,对新买进的猪要求采取综合防治措施以减少发病及死亡。具体做法如下:

(1)新买的种猪单独饲养15~30天,若无疫病发生,才和其他猪混养。

(2)买进猪的第1天,喂1次0.1%的高锰酸钾水溶液,1周内充分供给温开水饮用。

(3)新猪进栏后要让其饿2~3天。第3~4天开始喂饲,第1餐为青饲料,同时调喂生料。青料数量要充足并注意清洁。

(4)饲料中添加土霉素粉,每头猪每日添喂0.40~0.8克。连喂2~3天后,进行猪瘟预防注射。5~7天后注射猪丹毒、猪肺疫等疫苗。如果没有土霉素,用痢特灵或磺胺二甲基嘧啶按0.02%的比例拌料喂服。

(5)发现猪有喘气病,可用卡那霉素每天注射1次,每头5毫升,连续注射3~5天。

(6)第7天投药驱虫,用盐酸左旋咪唑每10千克体重喂2片,或者按每10千克体重用5%左旋咪唑溶液1毫升进行驱虫。妊娠母猪对驱虫药较为敏感,用药时应严格控制剂量。怀孕后期的母猪不可使用驱虫药。

(7)第8天每头猪喂服韭菜1千克、白酒300毫升,俗称"换肚"。

(8)第9天喂大黄苏打片健胃,每天3次,每头每次2片,研碎拌入饲料中。再喂1碗骨头汤滋补元气,然后转入正常喂食。

第十四章　百日出栏法的育肥技术要点

一、圈舍消毒

入栏之前，要做好房舍修整工作，做到防漏、防雨淋；打扫环境卫生，清除粪便、杂草；用2%来苏儿掺水冲洗地面和墙壁；再用20%石灰水喷洒墙壁消毒。

二、饲料准备

在猪重20～30千克阶段所喂的饲料，与哺乳期喂的饲料不可相差太大。一般断奶后10天喂的饲料和断奶前的基本相同，第11～20天开始增加辅料，第21～30天适当增加辅料喂量。一般在购买仔猪前，要准备好够1个月使用的哺乳期饲料。饲料质量要相对稳定，辅料用量要逐渐增加，以增强胃肠消化机能。

三、挑选良种

仔猪质量对育肥期增重效果、饲料利用率和抗病力影响较大，最好是自繁自养。如果到集市上选购，则按照《怎样挑选猪仔》一章所介绍的方法实施。

四、仔猪运输

运输管护与猪成活率关系很大。有人卖仔猪前在饲料中添加糖或味精，让仔猪吃得很饱。如果买了这种仔猪马上装车起运，容易伤胃，仔猪很难恢复正常。远途运输仔猪时，刚启程 1～2 个小时内，车速要慢些；2 小时之后才开中速，不可开快车，否则仔猪容易脱肛。夏季趁清早起运和傍晚运行，中午酷暑时分宜停歇于荫凉处。下雨、下雪天不宜运输。汽车、拖拉机运输仔猪都要用木板搭架，分层关放，防止互相挤压死亡。

五、适时去势

无论是公母仔猪，凡作育肥用的均要阉割。如果仔猪去势日龄过大，则刀口流血多，必须注射抗生素 1～2 天，每天 2 次。新猪买进半个月后，才进行阉割。

六、预防注射

自繁自养的仔猪,在 30 日龄前要进行猪瘟、猪肺疫、猪丹毒及仔猪副伤寒疫苗的预防接种。在市场上购买或从外地引进的仔猪,无论预防接种与否,到家饲养 10 天后,都要再注射 1 次预防针。

七、驱虫健胃

生猪经常接触地面,加上喂用生料,故必须在仔猪断奶后 1 个月驱除体内寄生虫。驱虫药物均有一定的毒性,若使用不当,极易造成猪中毒死亡。为了确保猪的安全和驱虫取得满意效果,必须注意以下几点:

第一,驱虫前进行粪便检查,或根据寄生虫病的流行病学及普查资料,确定哪些是严重危害猪和感染率高的寄生虫,做到有的放矢。然后选用疗效好、毒性低、使用简便、价格低廉和容易买到的广谱驱虫药。

第二,体质弱且有病的猪不宜使用驱虫药,应当对症治疗和加强饲养管理,待猪病愈体质好转才进行驱虫。

第三,要严格控制剂量,尽量做到准确无误。用药量按体重多少来计算。在生产上一般用眼估法测重。必要时可按下列公式估算:

猪重(千克)=胸围×胸围×体长÷15 200

式中,胸围和体长均以厘米为单位。“胸围”指前腿后部位胸廓周围的长度;“体长”指从头顶到尾根的长度。

例如:有1头猪的胸围长度110厘米,体长135厘米,那么这头猪的大约重量为:110×110×135÷15200=107千克。

第四,为了防止发生药物副反应,可将驱虫药分2次投喂:第1次服规定剂量的一半,隔1天再投喂另一半。为了让猪都能按剂量吃足药物,宜让猪先饿12小时才喂。为了防止猪吃药后呕吐,拌有驱虫药的饲料只喂半饱(刚好吃完槽内饲料)就行了。

常用的驱虫药有下列几种:

(1)盐酸左旋咪唑:每千克体重用量为8毫克,拌入饲料中喂服。

(2)敌百虫:每千克体重0.1克,混入饲料中喂服,服前绝食12小时。若发生中毒,用硫酸阿托品1~3毫升,1次肌肉注射即可。敌百虫水溶液应现用现配,以免静置时间过长而水解失效,尤其不能与碱性物质(如小苏打之类)混合。

(3)驱蛔灵:每千克体重用量0.11克,拌入饲料喂服。

(4)驱虫净:每千克体重用量20毫克,拌入饲料喂服;或每千克体重用10~15毫克,配成10%水溶液,颈部肌肉注射。

(5)使君子:炒成黄色,捣碎混入饲料喂服。每头仔猪用14~20枚,分2~3次服完。

仔猪如患疥癣,应及时治疗:用2千克敌百虫粉剂溶于100千克温水配成水溶液,对患猪全身及猪栏各处喷雾并更换垫草。如喷1次未愈,隔一周后再喷1次;也可用废机油涂擦患部。

八、创造适宜环境

1. 群居环境的控制

(1)合理组群：肥育仔猪要按杂交组合、体重大小、体质强弱和采食习惯相似的原则组群，以利形成良好的群居秩序。可避免大欺小，强欺弱，小的吃不到饲料，发育不良，甚至形成僵猪等现象。

群体分组以后，除个别猪在饲养过程中过于孱弱，必须剔除出另栏饲养外，一般应保持稳定，不要随意变圈拆群，以免仔猪争食斗殴。

确实需要并圈时，最好把弱猪留在原圈，或把较强的猪移至另栏；或把较少的猪留在原圈，把其他群体并入；或把两圈猪并群后赶入第3圈饲养。并群要在夜间进行，并加强看管，除给并群猪喷洒白酒、来苏儿溶液外，还要派专人守在圈边，发现咬斗，立即将强者驱走。一般须维持2～5天才能实现全群融合。

(2)做好调教工作：对新购进的仔猪，首先做好“三角定位”调教，让其吃、睡、拉各在一角。猪进栏前，在栏内安排较高处为睡觉场所，预先放一些垫草，猪熟悉后就会在那里成群睡下。在进食的地方固定放置猪槽，其中备有饲料。在低处近排粪尿口，放1块猪粪，只要有猪跟着在同一地点大小便。根据猪在喂食前后和刚睡醒即排便的习性，可用扫帚把猪赶到规定处排便。晚上7～8时、午夜11～12时和清晨4～5时各赶1次。这样3～7天便可调教好。

还要调教猪吃食的秩序,防止强夺弱食。新猪入圈时,要备有足够的饲料槽和水槽;对霸槽的猪要勤赶,使不敢靠近饲槽的猪得到采食槽位。经过一段训练后猪群就会养成分开排列、同时上槽采食的习惯。

(3)注意饲料养度和猪群的大小:多年实践证明,当饲养密度增大时,猪的平均日增重和饲料转换率都下降。究竟多大密度既不影响猪的生长,又可提高猪舍的利用率呢?采用百日出栏法猪舍利用率高,一般每圈饲养头数不超过 8~12 头,每头以不超过 0.8~1.2 平方米为宜;当每头猪占用面积少于 0.6 平方米时,日增重和饲料利用率将明显降低。

即使圈养密度相同,往往小群比大群的生产指标高,小群饲养较大群饲养的生长育肥猪,能提早出栏 30~40 天。

猪群大小:工厂化养猪,一般每群 30 头为宜;农户养猪,以小群为宜,每圈不超过 8~10 头。

2. 猪舍小气候的控制

影响猪舍环境的主要因素是温度、湿度、光照、空气新鲜度,其中温度最为重要。

(1)温度:猪是恒温动物,正常体温 38~40 ℃。如果环境温度不适宜,猪体内耗氧量就成倍增加,进食的饲料养分大都被消耗掉,不利于增重。必须选择适宜的临界温度饲养肉猪:体重 60 千克以下的,16~22 ℃(最低 14 ℃);体重 60~90 千克的,14~20 ℃(最低 12 ℃);体重 90 千克以上的,12~16 ℃(最低 10 ℃)。南方地区的 3、4、5、10、11 月气温均接近临界温度。猪的四季管理要点如下:

①春季要注意防病。春季气温适宜,青饲料幼嫩可口,是

养猪的好季节。但因越冬后猪的抵抗力较弱,容易感染疾病,必须及时采取防病措施。另外,要勤除猪粪,猪舍保持清洁、干燥、通风。当气温下降时,要做好防寒保暖工作,以防感冒。

②夏季要注意防暑。南方夏季气温高,有时达 40 ℃,对猪的生长不利,必须做好防暑工作:打开通气孔和所有门窗通风,运动场要搭棚遮阳;经常向猪舍地面和猪身喷洒凉水降温;在猪舍一角建水池,经常给猪泡浴;保证供给猪清洁饮用水,多喂青饲料,适当少喂高热能饲料,不喂发霉变质的饲料;驱杀蚊蝇;经常备些防暑降温药物。

③秋末冬初促快长。此时气温适宜,饲料充足,是育肥猪的好季节。必须充分利用花生藤、红薯藤、木薯、秋黄豆等优良饲料,做好猪的育肥和饲料的储备工作。

④冬季防寒保暖。冬季气温低,昼夜温差大,猪因御寒要消耗大量热量,对猪生长不利,必须采取保暖防寒措施:猪舍要用草席或塑料薄膜遮挡,以防寒风侵袭;勤垫干草,保持栏舍干燥;适当增加饲养密度。用温食盐水喂猪,改稀喂为干湿喂(料水比为 1∶1)和生料喂,避免尿窝。有条件的可在猪栏一角建保温室。

(2)湿度:如湿度适宜,猪对湿度适应力很强,湿度从45%增至95%对增重影响并不大;但低温时湿度大是有害的。猪舍湿度一般以45%~75%为宜。

(3)光照:强烈光照会影响肉猪休息和睡眠,建造育肥猪舍时,最好创造阴暗的环境,仅在饲喂时用灯光照明,使猪养成灯一亮就采食、灯一灭就睡觉的习惯。这样有利于增重和提高饲料利用率。

(4)空气新鲜度:如果猪圈内空气潮湿污浊,二氧化碳、氨气和硫化氢等有害气体含量过高,会严重影响肉猪的食欲、健康和生长,常引起呼吸系统和消化系统疾病。所以封闭式的猪舍要经常注意通风换气,保持舍内空气新鲜和湿度、湿度适度适宜。肉猪舍有害气体的限制指标是:二氧化碳不超过0.2%,氨不超过0.02毫克/升,硫化氢不超过0.015毫克/升。

(5)备足清洁饮水:水参与猪对各种养分的消化、吸收、运转,废物的排出和体温的调节等活动,供水不足猪就长不好。夏季要供给猪相当于饲粮重量5倍的水,冬季也要供2～3倍量的水。

九、改进育肥方式

百日出栏法改传统的“吊架子”育肥法为“直线”育肥法。这种方法,虽吃精料多,但增重快,育肥期缩短,算全年总账,经济效益好。

所谓“吊架子”育肥法,是指育肥前期(长架子期)主要喂青粗料,补充少量精料;后期作为催肥期,减少青粗料,加喂大量以碳水化合物为主的精料。这种育肥法的弊病:一是由于前期饲料能量和蛋白质水平低,限制了肌肉生长,而后期正当脂肪生长强度大时给予能量饲料,逐促进了脂肪沉积,使出栏肉猪的胴体脂肪多而瘦肉少。二是饲料利用不经济。猪摄食饲料得到的能量,系用于维持生命和生长。前者所消耗的能量基本上是恒定的;当猪摄食的能量少时,用于生长的那部分能量相应减少,增重就慢,饲料利用不经济。

所谓"直线"育肥法,就是对猪在 20~35 千克、35~60 千克、60~90 千克三个阶段,均给予足够的营养,直至出栏。采用这种方法,猪生长快,平均日增重 0.75 千克以上;断奶后养 100 天,活重可达 90~110 千克。其技术要点如下。

1. 全期充分供应营养

按猪 3 个阶段计算好日粮配方,配成全价饲料,根据计划日增重(一般小猪要求日增重 0.5~0.7 千克,中猪 0.8~1 千克),每日给予足够饲料,猪能吃多少就喂多少,全育肥期始终保持营养充足。

2. 后期实行催肥

当断奶仔猪养到第 80 天,活重约 60~70 千克,便进行栏前 20 天的催肥。这个阶段平均日增重高达 1.5~2 千克,到第 100 天活重可达到 90~110 千克而出栏。具体做法如下:

(1)按每 5 千克体重用 1 片"敌百虫"给猪驱虫。先用温水将药片溶化,拌入饲料中喂猪。喂前让猪绝食 1 天。喂饲不要太饱满,以免呕吐。

(2)驱虫后第 3 天添喂大黄苏打片 8~10 片(指每头猪用量,下同),1 次或 1 天喂完。

(3)第 5 天添喂小苏打片,用 6~9 片拌料,分早、中、晚 3 次喂完。

(4)第 7 天添喂韭菜拌白酒,韭菜 1 千克拌白酒 300 毫升,分 2~3 次喂完。

(5)在原来日粮基础上每餐添喂催肥饲料。其配方是:咸鱼(或咸鱼粉数量减半)、骨粉、花生麸(或豆饼)和黄豆各 3 千克，猪板油1千克（煎成油），糯谷7.5千克（或糯玉米、木薯粉，均炒熟），红糖（或白糖）1千克，喹乙醇2.5克，陈皮25克（研成粉），神曲10克左右（中药店有售），麦芽或稻谷芽（用小麦或稻谷发芽）25克（研成粉）。

制法：先将糯谷炒开花，黄豆炒熟，连同咸鱼、花生饼（或豆饼）粉碎，然后加猪板油、骨粉、红糖、喹乙醇、陈皮粉、神曲和麦芽拌匀，分成20等份，每日喂1份，分3餐添加于日粮中。连喂20天即可出栏。

十、改进饲喂技术

1. 饲料粉碎细度

玉米、高粱、大麦、小麦、稻谷等谷物饲料，都有硬种皮或兼有粗硬的壳，喂前必须粉碎。这样可减少猪咀嚼所消耗的能量，也利于消化吸收。谷物粉碎的细度，以微粒直径1.2～1.8毫米的中等粉碎程度为好，猪吃起来爽口，采食多，增重快，饲料利用率高。

青饲料、块茎、块根及瓜类，可切碎打浆拌入配合饲料中喂猪。

干粗饲料一般均应粉碎，而且以细为好。虽然粉碎不能明显提高消化率，但能缩小体积，改善适口性，对整个饲粮的消化有利。

2. 饲料要生喂

必须改熟喂为生喂。农村有煮料喂猪的习惯，总以为熟食比生食好，岂不知许多饲料经过煮熟后，氨基酸和维生素等营养成分被破坏,营养价值反而降低。比如,玉米粉、木薯、大米煮熟喂猪,100千克只相当于89千克生喂料的饲养效果。猪的饲料消化率与饲料的生、熟没有多大关系。

据上海畜牧兽医研究所报道,用生料喂母猪,其哺乳仔猪1个月龄体重要比喂熟料的平均多增重0.73千克;至60天断奶要比喂熟饲料的平均多增重3.39千克;肉猪喂生饲料也比喂熟料的平均多增重3.84%。生喂还可省工、省燃料,饲料中的维生素可免受高温破坏,还能杜绝因饲料调制不当而发生的某些中毒病。

3. 生喂料的调教方法

最初3天生喂时猪不习惯,采食少,甚至不吃。为此每天宜用2/3熟料加1/3生料饲喂;第4～5天,每天用1/3熟料加2/3生料饲喂;到第6天全部喂生料。这样调教,猪就能逐渐适应。

4. 饲料调制方法

按照饲料配方计算结果,将各种饲料按规定用量过秤,粉碎,拌和。拌和时要注意,有些药物不能直接接触(如多维素不能与矿物质添加剂直接接触;蛋氨酸和赖氨酸也不能直接同矿物质添加剂接触),必须分别用部分饲料作扩散剂,然后混合拌匀。当鱼粉的含盐量已达到配合饲料标准时,不再另加食盐。当利用动物肉体的内脏时,必须经过煮熟、焖烂或高温消毒处理后,才能作饲料。当利用含水分多的南瓜、红薯、胡萝卜等作饲料,应煮熟,并在拌入粉料前尽量挤去水分,否则会使饲料过湿而影响采食或引起下痢。根据饲料是否掺水,可分为下列调制方式:

(1)干粉料:将饲料粉碎后,不经掺水处理就直接喂猪,适合于自由采食、自行饮水的饲喂方式。笔者主张推广这种喂养法。开始猪可能不愿吃,只需先饿它2~3天,就会吃了。

但饲料不要粉碎得过细,否则易粘舌而难下咽,也容易撒出饲槽造成损耗。

(2)湿拌料:把干粉料加水拌匀,按加水量多少分为稠料与稀料。

稠料:把配合好的全价饮料(干粉),按一定比例掺水,以利于猪的采食,缩短饲喂时间,避免舍内饲料粉尘飞扬。通常按料、水比例为1:0.5或1:1,调成半干粉料或湿粉料,地面撒喂。当料、水 的比例加大到1:1.5~2时,即成浓粥料或稀粥料,需专设饲槽喂给。

稀料:即料与水的比例超过1:2.5以上。这种料喂猪弊病很多:一是饲粮水分大,营养干物质很少,影响猪的生长;二是稀汤灌大肚,排几次尿后猪就感到饥饿而烦躁不安,跳圈拱墙;三是稀料冲淡消化液,降低各种消化酶的活性,影响饲料的消化吸收。这种喂饲方式必须改变。

5. 饲喂方法

(1)不限量饲喂,即饲槽中经常备足饲料,让猪自由采食,以利增重。

(2)给料给水:猪舍内设喂料槽、饮水槽,喂料槽放干粉料或湿粉料,饮水槽放充足的干净水。夏季喂湿料时要现拌现喂,以避免饲料发酸。

(3)日喂次数:幼猪每天至少喂3~4次,中猪(35千克以后)可减少饲喂餐数,如果是精料型的,日喂2~3次即可;如果饲料含较多的青料、干粗料或糟渣类,则日喂3次。

饲喂时间应在猪食欲旺盛的时候,例如夏天喂2次,以早上6时和下午6时饲喂为宜。每餐间隔时间,应尽量保持均衡。

十一、适时出售

有些农户爱养大猪,活重达200千克以上还不出栏。这样并不经济。从猪的发育规律来看,前期生长较快,日增重达到高峰。高峰期后增重下降,继而生长缓慢,甚至停滞。我国的地方猪种,当肥育猪体重超过100千克时,不仅饲料报酬降低,维持生存所需要的能量也大大增加。一般说来,生猪活重达100千克左右屠宰最适宜,屠宰率可达75%左右,净肉率66%,经济效益高。

十二、实行“全进全出”

这是指同一品种或品系的仔猪同时进栏,通过同期饲养,使其体重基本接近,最后同期出栏。采用“全进全出”制,有利于对猪群采用营养全面、规格一致的配合饲料,提高饲料利用率;有利于提高日增重和出栏率;有利于做好消毒和猪病防治工作;有利于组织肉猪的调运和加工;也有利于合理利用栏舍和其他设备,便于组织成本核算,全面提高经济效益。

要做到“全进全出”,必须选择品种规格一致的良种猪或最优配套杂交组合的杂种猪。对于母猪,必须实行标准化饲养,实行季节性配种和季节产仔制度,最好在一个发情期内全部配上种而同期产仔。对于仔猪,要求进栏时体重大小均匀一致,按照不同生长阶段的营养需要,实行标准化饲养,并加强管理,做好疾病防治工作。

第十五章　僵猪症防治

“僵猪”是一种饲养期长，吃得少、长得慢的毛长、体瘦、背弯弓的猪。有的仔猪断奶 3 个月，体重还不到 20 千克，拱腰曲背、骨瘦如柴，身体中间大，两头尖，只吃不长，皮厚毛粗，形成“老苗猪”、“三类猪”，简称僵猪。若不及时采取措施，生长发育就受阻，饲料利用率低，百天养殖就难出栏。常见的僵猪症有奶僵、断奶僵及病僵等。

一、僵猪形成的原因

(1)近亲交配或早配，造成仔猪先天性发育不良。

(2)仔猪患白痢病、贫血病、副伤寒病、喘气病等未能及时治疗，生长受阻；猪舍阴湿，猪感染寄生虫得不到及时治疗，也会形成僵猪。

(3)仔猪在补料期间，同群仔猪多，有的仔猪胆小，长期吃不饱、吃不好；或仔猪断奶后，喂食不匀，大小同圈，出现大欺小、强欺弱现象，小猪、弱猪无法吃饱，日久就形成僵猪，这叫“食僵”。

(4)母猪在哺乳期间，奶汁不足或无奶，个别仔猪体小力弱，在没有固定奶头的情况下，长期不能满足营养需要而形成僵猪,这叫"奶僵"。

(5)母猪在怀孕期间饲养不当,体内的营养供应不能满足胎儿生长发育的要求,以致胎儿发育受阻,产下弱小仔猪,形成"胎僵"。

(6)长期采用单一饲料喂猪,也容易引起营养缺乏症而形成僵猪。

二、僵猪症的预防

1. 奶僵症的预防

为预防奶僵症,应加强母猪妊娠期和泌乳期的饲养,保证仔猪在胎儿期充分获得发育所需营养和哺乳期能吃到较多营养丰富的乳汁。对个别生长发育差的仔猪,应固定在乳量多的前排或中排乳头上。缺乳母猪要及时用药物进行催乳,处方有:黄花蔸 250 克,猪蹄 1 对,用水煮烂后拌料喂饲母猪,连用 2~3 剂;王不留行 30 克,无花粉 30 克,漏芦 25 克,僵蚕适量,猪蹄 1 对,水煎药,混合后分 2 次拌料喂母猪, 连用 2~3 剂。每天保证哺乳母猪与仔猪有充足的运动。母猪的泌乳量在分娩后第 23 天达到最高峰,以后逐渐下降,而此时仔猪生长发育很快,需要的乳汁不够,需从饲料中获取营养,一般应常握在母猪泌乳量开始下降之前 3~5 天,对仔猪采取引诱方法提早补料,防止营养脱节而使仔猪生长停滞。

2. 断奶僵症的预防

在仔猪断乳时应赶走母猪,把仔猪留在原圈饲养,使其环境不发生变化,有利于生长。防止喂饲单一饲料,应饲用配合饲料。配制饲料必须遵守营养标准的基本原则,考虑其能量、可消化蛋白质和一些重要的氨基酸、维生素及微量元素的含量等,使其达到平衡供应。刚断奶的仔猪每天约给 1.1 个饲料单位,蛋白质 120~130 克;3 个月龄时给 1.4 个饲料单位,蛋白质 120~130 克;钙、磷在每个饲料单位中的比例为 6:5。

3. 病僵症的预防

保持猪舍清洁干燥,防止内、外寄生虫病的发生。对内寄生虫要定期驱除,严格处理粪便。若有外寄生虫发生和蔓延,应及时治疗和加强运动,让其打泥浆脱癞。做好防疫灭病工作,每年做到定期与平时补针相结合给猪注射各种疫苗,防止传染病的发生。若发现病猪要及时隔离治疗。

三、治疗僵猪的方法

僵猪是完全可治愈并实现快速育肥的。广西驻军某部队有一批“僵猪”,养了 1 年多个体重仅 19~35 千克。经笔者采用科学方法处理了其中的 11 头僵猪,据测定,平均日增重 0.55 千克的有 1 头,1.15~1.45 千克的有 7 头。根据僵猪形成的原因,其治疗方法有所不同,现分述如下。

1. 治疗因营养不良形成的僵猪

(1)有病的先治病,对症下药。

(2)病愈后,饲养 10 天即驱虫。按每千克体重用 0.1~0.15 克敌百虫,分 2 天空腹拌料服用。

(3)开胃:用马钱子酊 2~3 毫升、人工盐 25 克、大黄苏打片 2 片(每片 0.3 克),一次服完,每天服 2~3 次。每次还结合喂中药“焦三仙”，即神曲、山楂、麦芽各30～45克，连喂3天，使猪食欲好转。另外，用黄豆泡人尿，在早晨猪空腹时喂，0.5千克黄豆可供1头猪吃45天。连喂2～3个月，效果更好。

(4)按不同生长阶段喂给全价饲料。

2. 治疗因新陈代谢障碍形成的僵猪

(1)先驱虫，方法同上。

(2)每头猪用维生素$B_1$100毫克，维生素B_{12}500毫克肌肉注射。以后每隔7天分别重复一次。还可与维生素B_6 2毫升(含药量25毫克)混合注射。也可用20%的葡萄糖溶液10～20毫升、氢化可的松1～2毫升，混合后静脉注射或腹腔注射。

3. 治疗因缺乏维生素引起的僵猪

每天每头猪补喂马齿苋(野苋菜)100～250克，胡萝卜150～200克或中药苍术50～100克(研成粉拌料喂给)。

也可用中药苍术、松针粉(或侧柏叶)各25克，烘干研成粉，拌料喂猪。

如猪有胃肠疾病，每头猪每天肌注维生素AD注射1～2毫升，或鱼肝油1～2毫升。连续3～5天。

4. 治疗因缺钙形成的僵猪

每头猪用碳酸氢钙10～20克，食盐5～10克，苍术10～20克，研成粉末，分3次均匀拌料喂，每天1次。也可取焙黄的蛋壳、骨头各500克，中药贯众、何首乌各250克，晒干粉碎拌喂，体重15～25千克的猪每天喂150克，体重25～50千克的，每天喂200克，体重50千克以上的，每天喂300克。早上喂服,连喂 10 天。2 个月后,再按此配方重复 1～2 个疗程。还可在饲料中每头每日拌蛋壳粉或骨粉 10～20 克、食盐 5 克。

5. 治疗病原不明的僵猪

2003 年某农户从集市买来一头 4 千克重快死的小僵猪,抓来时连站都站不起来,买回后即用维生素 B_{12}(500 微克)和肌苷注射液(2 毫升)各 1 支混合后进行肌注,并人工喂一点含油的剩菜,4 天后病猪好转,能自食饲料,再用 ATP(三磷酸腺苷)和维生素 B_{12},肌苷、维丁胶性钙各 1 支混合注射并进行驱虫,第二天排出多条蛔虫,通过精心饲养,几天后,猪的皮肤出现红润,鬃毛由脱落开始正常生长。此时将饲料中的粗蛋白质含量提高,加喂一些猪油或植物油,饲喂 40 天,体重增到 20 千克,4 个月体重达 95 千克,即出栏。

四、僵猪育肥步骤

1. 驱虫清胃

在无病和天晴时,中午停喂一顿,到晚 8 至 9 时空腹时,按每千克体重用丙咪唑或左旋咪唑 15～20 毫克,研细,拌少量精料一次投喂。2 天后,再取生石灰 1 千克溶于 5 千克水中,沉淀后将石灰水清液拌料喂猪,每日 1 次,连服 3 天。对体况较好的僵猪,也可停喂 1 次,只喂些 0.9%的淡盐水或少量轻泻剂,如人工盐、芒硝等,消除僵猪胃肠道内的各种毒素,消除制约僵猪生长发育的因素。

2. 健胃化食

要使僵猪彻底脱僵，必须使其在消化机能上有一个大的转变。可按僵猪每千克体重用大黄苏打 1 片(含量 0.3 克)，总量最多不超过 10 片，研末拌饲料喂服，每日 2 次，连服 3 天健胃；与此同时，结合用山楂、麦芽、神曲各 50 克(1 次用量)，煎汁拌料喂，每日 2 次，连服 5 天化食。实践证明，经过这样处理的僵猪，食欲旺盛，消化机能大为增强。

3. 精养细管

青饲料要清洗沥干，适当切细；糠麸等粗料应加工粉碎后，才能按比例拌上营养较全面的配合饲料，配合饲料中添加 0.5% 的土霉素粉，增强僵猪的搞病力。

4. 添喂“石硫盐”

生石灰、硫磺、食盐各等量，先把食盐炒黄，倒入生石灰同炒 10 分钟，起锅待凉后加入硫磺，共研末，装瓶备用。体重 25 千克以下的日服 5～8 克，25 千克以上的日服 10～15 克，直至出栏。这既补充了矿物质，又刺激了食欲，是育肥僵猪不可缺少的重要措施。

5. 肌肉注射维生素 B_{12}

僵猪驱虫清胃 10 天后，每头每隔 3 天肌注 2～4 毫升人用维生素 B_{12}，连续 7～10 次，对促进生长、增强体质有特殊功效。此外，还应保持猪舍清洁卫生、通风透气。待僵猪体况好转后，及时请兽医打一次预防猪瘟、猪丹毒、猪肺疫的“三联苗”。

五、僵猪中药催肥法

第一,先驱虫。用芜荑、榧子、使君子、薏苡各10克,贯众15克,煎水喂服。

第二,再洗胃。用4%～5%的澄清石灰水1～1.5千克,或苏打5～7片拌料喂服。每天1次,连喂2～3天。

第三,接着健胃。山楂16克,麦芽、苍术、枳实、海螵蛸、陈皮、白芍各10克,神曲、白术各5克,研粉拌匀,每头每餐喂10～20克,连喂2天。

第四,然后催肥出栏。在出栏前一个月进行催肥。硫磺粉1 500克,炒黄豆粉1 250克,葡萄糖粉150～250克,狮子利粉末50克,百合粉35克,淮山粉40克。将上述药物混合均匀后等分成90份,每天喂3份(分早中晚3次喂服)。猪吃了催肥药7天后,拉硬屎表明药量正好,如果屎不硬则要适当加大药量。

第十六章　怎样诊断猪疾病

一、给猪看病的方法

猪发病后，要仔细观察，尽量弄清病因，以便对症下药。

给猪看病，一般采用“问、看、摸、听、闻、测”的方法。

1. 问

(1)问发病经过：了解哪天发病，据此推断是急性病还是慢性病。

(2)问周围疫情：有几头猪发病，是否注射过预防针，猪是否从外地购进，那里是否发生过同种疫病，本地是否有此种病猪。

(3)问饲养管理情况：喂什么饲料，是否发霉变质，最近是否突然变换饲料，饮水是否卫生，猪圈是否干燥。

(4)问病猪的变化：吃食是否正常，排粪尿次数及形状、颜色、气味怎样，有无咳嗽。如果是母猪，还要了解是否怀孕，以便用药时考虑。

2. 看

(1)看外表。猪患寄生虫病或营养缺乏时，身体瘦弱，毛粗糙无光。有些传染病，皮肤上会出现许多红点或红斑。

(2)看呼吸。猪胸部或肺部有病时,可见明显的腹式呼吸;内脏有病时,则以胸式呼吸为主。正常呼吸每分钟为10~20次。

(3)看走路。猪不愿站立,钻草堆,拱背夹尾等,显示有病。

(4)看眼结膜。眼结膜和皮肤都呈苍白,是内出血的征象;热性疾病如猪丹毒、流感等,眼结膜常发红;血液中含氧不足,眼结膜呈蓝色,可能是氢氰酸中毒;患猪瘟的多有眼屎。

(5)看鼻镜。健康猪鼻镜潮湿,有汗珠;发高烧时,鼻镜干燥。

3. 摸

用手触摸病猪皮肤,可以知道体表有无疹块或肿胀,肌肉、骨骼、关节是否疼痛,皮肤是否出血(手压红色不褪)。将手背放在猪耳根皮肤上,可感觉体温是否正常。用手指按猪大腿内侧,可感到股动脉搏动,正常脉搏为每分钟60~80次。

4. 听

听猪的叫声、呻吟声、咳嗽声、喘气声。最好使用听诊器。

5. 闻

用鼻子闻气味。如粪便是酸臭还是腥臭,饲料有无霉气或农药气味等。

6. 测

就是测量猪的体温。先将体温计的水银柱甩至35 ℃以下,然后在水银球一端涂上凡士林,缓慢插入猪肛门内,经2~3分钟取出。用酒精棉球擦净,即可看出体温度数。猪的正常体温为38~39 ℃,仔猪体温比大猪略高,夏天比冬天略高，中午比早晨略高，吃食及运动后也略高，但变动范围都在1 ℃以内。不少传染病可使猪的体温升达40.5～42 ℃。

给猪看病，必须把上述6种方法结合起来运用，把病猪的各种表现和有关情况尽量了解清楚，然后进行综合分析和诊断。

二、坚持“三查”和“五看”

早、中、晚“三查”和“五看”，是及时发现猪病的重要方法。“三查”，就是早上、中午、晚上都要查看猪的生长生活情况，每天坚持不懈。“五看”，就是看食欲、看粪便、看精神、看睡觉、看毛皮。

1. 看食欲

食欲好坏是健康与否的明显标志。每次喂食时，要观察猪的食欲状态。如猪在食槽里拱来拱去，不肯吃食或吃吃停停，表明食欲不佳。可从下面几方面查明原因：

(1)饲料成分有无改变。如因市场饲料紧缺，改变了饲料组成，特别是缺少了松针粉，猪吃食不合口味就会造成食欲不佳。确实要改变配方，应逐渐增减，不要突然变动太多。

(2)饲料配方中缺乏某种元素。有些矿物质添加剂中缺乏钴，使猪体内不能合成维生素 B_{12}，猪就会出现食欲不佳。必要时每头猪每天喂15～20毫升复合维生素B溶液，每天3次，连喂3～5天，另外，在每50千克饲料中添加1～2克氯化钴或硫酸钴。

(3)有胃火。因胃液偏酸或偏碱性而造成。表现为毛焦腹缩,尿黄粪干。可用人工盐治疗。50千克重的猪每次添喂50～100克,直至粪便正常。人工盐配方:硫酸钠44%、硫酸氢钠36%、氯化钠18%、硫酸钾2%。

(4)看猪的鼻镜是否干燥,若干燥则试体温,若超过39.5℃,可能是感冒。轻者可喂解热止痛散,每50千克活重的猪一次喂2包,每天1～2次(小猪减半);重者可在交巢穴注射氨基比林+青霉素,每头大猪分别用20毫升和240万单位;中猪分别用15毫升和160万单位;小猪分别用10毫升和120万单位,每天用药1～2次,2天左右即见效。

若体温超过41℃,诸药无效,或虽降至常温,但仍无食欲,则须改用下法治疗:酸萝卜250～500克,切碎加水煮开,添加白糖100克。待温热时喂猪,每天2次。并用光滑的木棍在猪的背部从前(即头部)向后(尾端)刮(也叫刮痧疗法)。边刮边淋白酒,直至出现紫红色状,再盖上麻布防寒。经喂酸萝卜糖水2～3次和刮痧1次后,一般猪都会好转。

(5)猪吃吃停停,鬃毛直竖,可能患慢性胃肠炎,通常是配合饲料中缺乏抗生素引起的,可用下列方法之一:①磺胺咪0.5～4克(每头猪用量,下同),次硝酸铋1～5克,小苏打1～4克,混合后喂服;②氯霉素0.2～1克,口服,每天2次;③用穿心莲注射液在交巢穴注射,每次5～15毫升,每天2次,3～5天为一疗程;④用氯霉素注射液在交巢穴注射,每千克体重10～30毫克,每天2次,2～3天即可;⑤用10%磺胺嘧啶钠注射液在交巢穴注射,每次10～20毫升,每12小时一次。

2. 看粪便

(1)大便小块硬如羊屎,可能是猪肺疫、猪丹毒等急性病的初期。

(2)若粪干量大,可能是饲料中粗纤维太多。

(3)猪拉稀粪,排便次数增加,味腥臭,可能是消化不良,或是饲料发霉中毒,或是突然换料引起。可考虑几点:①是否患传染性胃肠炎。②因饮用污水或粪尿等被细菌感染而引起。③因饲料中含有难消化物(如粗纤维含量超过7%~13%)或油脂饲料过多(油饼类、黄豆、鱼粉等比例过高)而引起,要及时调整饲料配方。

(4)因吃了发霉变质饲料,发生中毒症而引起的腹泻,应立即停喂霉变饲料,内服0.1%的高锰酸钾洗胃,并加喂吸附剂(木炭),然后服缓泻剂(硫酸镁,每头猪一次用量5~10克),同时采取保肝疗法,如添喂豆浆或牛奶等。

(5)猪患寄生虫病会引起拉稀,应予驱虫。

(6)投喂青饲料过多而引起腹泻。

(7)配合饲料中黄豆用量过多,又未炒熟,会引起轻泻。

3. 看精神

健康的猪两眼明亮有神,尾巴上翅,摇摆自如,鼻镜湿润有光泽,行动灵活。病猪精神委顿,行动迟缓,头尾下垂,两眼无神,鼻镜干燥,有时耳根发热。

4. 看睡觉

健康猪一般是侧睡,肌肉松弛,呼吸节奏均匀。病猪睡时全身贴于地面,疲惫不堪。如果呼吸困难,睡不下去,还会呈狗坐姿势。如食盐中毒,最急性的猪一开始即表现显著衰弱,肌肉震颤,躺卧,四肢作鸭子游泳状动作,很快昏迷致死。如患急性猪瘟病的猪,喜卧,弓背,寒战,不食等。

5. 看毛皮

病猪被毛粗乱无光,如果发生异常脱毛和秃毛,多为慢性病或皮肤病的表现。若猪生疮或疥癣,可用30%的尿素溶液喷洒全身;重症的用茶油调硫磺粉涂擦患部,或用十滴水注射,体重8～10千克的猪每天肌注1次,每次2毫升,连续3天。

三、给猪投药的方法及注射部位

1. 猪口服给药法

(1)随料给药法:此法在病猪有食欲、药物无特殊气味的情况下采用。将药拌在猪爱吃的饲料中,任其自由采食。

(2)舔剂给药法:此法适用于固体药物。将药拌入适量面粉内,加水调成糊状,把猪保定好,头部稍高,用小木棍撬开猪嘴,取一光滑竹片刮取药物抹在舌根部,使其吞咽。

(3)灌药法:此法在病猪无食欲或药物有特殊气味时选用。抓住猪的两耳或前腿上提,保定好后,用小木棍撬开猪嘴,将加水稀释的药液用金属小勺慢慢倒入病猪口中。每倒入一小勺药液便取下木棍,由其自行咽下,再重复操作。当猪狂叫骚动时,不要强行硬灌,待安静后再灌,以防药液误入气管造成死亡。

(4)胃管灌药法:一般用于大猪。用上颌保定法保定后,在猪口中横插一块中央开一圆孔的木板,作为开口器。然后把涂有凡士林的胃管经开口器中央圆孔送入,直达咽部。这时感到有阻力,可轻轻抽动胃管,刺激咽部,趁猪产生吞咽动作时顺势将胃管送入食道。胃管插入食道时,感觉有阻力,猪比较稳定,放近耳边可听到水泡声。为判别操作是否正确,可将胃管的外端浸没水中,如果误插入气管,水中就会随呼气而冒出气泡,这时应取出重新插。待确信插入食道后就可以投药。

2. 注射方法

无论采用哪种注射方法,都要严格消毒。打针前,注射器都要用水煮沸 10～15 分钟,用 5%的碘酊涂擦打针部位的皮肤。

(1)交巢穴注射法:据多年治病实践,笔者发现在这个穴位进行治疗注射,药效迅速,用药次数比其他部位少 2～3 次即可见效。交巢穴是在猪尾根部下方肛门上方的凹陷处。注射时,插针要垂直于皮肤,不可向上或向下倾斜,向下倾斜容易把药物注射到到大肠内,药效差。打预防针仍在常规部位注射。

(2)皮下注射法:注射无刺激性的药物或希望药剂快速吸收时,可用皮下注射法注射。注射部位:小猪在腋窝、大腿内侧皮下,大猪在耳后皮下。注射前,以左手拇指和食指捏起皮肤,右手持注射针管在皱襞底部稍斜地快速刺入皮肤与肌肉间,缓缓推药。注射完毕,将针拔出,立即取药棉揉擦注射部位,使药液散开。如果皮下有水肿,不要采用此法。

(3)肌肉注射法:肌肉组织的吸收力比皮下稍弱,如希望药液缓慢吸收时,或施用对局部有刺激性的药物,不宜注射于皮下的(不然,有发生疼痛或脓肿的危险),可应用此法注射。注射部位多选在颈部或臀部肌肉丰满、没有大血管和神经之处。注射时以左手中指(或大拇指)压住注射部位的肌肉以免移动,右手持住注射器稍直而快迅刺入肌肉,随即将药液注入。

(4)静脉注射法:倘若注射的药液刺激性太大,或必须使药液迅速生效时,常使用此法。多选在猪耳静脉注射,即在耳朵背面稍突起的静脉处,先用酒精棉球彻底擦拭局部,用手指压住待注射的耳根(使静脉怒张),将针刺入静脉,见针管内有回血,表明已正确刺入。此时,要把耳部下捏住,以防猪活动时针头退出血管。初次注射时,可在猪耳边缘的血管上进针。如第一次不成功,并出现肿胀时,应顺次向里边的血管进针。如耳静脉已出现肿胀且模糊不清,或遇到仔猪耳静脉不明显时,可改用前腔静脉注射法。注射时可采取仰卧保定,两后肢向后拉,两前肢向前伸,头部放平。注射部位在胸骨前端两侧即脖子以下 1/3 的两个凹窝处,两侧均可注射。经局部剪毛、消毒后,针尖对准前肢的肘部,与注射部位呈 45°角,稳重地将针头刺入 3~5 厘米深,见针管有回血时即可注射。

注射前,注意排尽注射器内的空气。冬天,药液较多时应将药液加温至 38 ℃左右。刺激性较大的如钙剂、九一四、水合氯醛等,要避免漏到皮下,以免引起组织坏死。

(5)气管注射法:此法多用于治疗肺丝虫病。注射部位在接近喉头部的气管软骨环间。先将猪仰卧保定,腹部朝上,头部稍高,左手固定气管,针头自软管间刺入。当摆动针头感到周围空虚,没有阻力,接上注射器后,抽动活塞可吸进气泡,表明针头已在气管中,方可将药液注入。注射后,应该使猪继续仰卧半分钟。

3. 灌肠方法

取长1.5米、直径1厘米的塑料管或橡皮管，涂上润滑油后慢慢插入猪肛门内；然后提高灌肠器，使药液流入直肠，并来回抽动胶管，以刺激排粪。灌肠适用于发烧和脱水的病猪。促使排粪便的，多用温水灌肠；促使退烧的，多用凉水灌肠。另外，病猪不能咀嚼或吞咽时，可将营养物质（如牛奶、鸡蛋、白糖、葡萄糖、胨化犊牛肉等）灌入肠内，让其吸收，以维持生命。在灌肠过程中，要注意观察病猪的呼吸和脉搏，以防直肠破裂。

常用疫(菌)苗的使用方法见表16-1。

表16-1　常用疫(菌)苗用法

疫(菌)苗名称	预防疾病	接种对象、方法及注意事项	免疫期	保存温度(℃)及时间
猪瘟兔化弱毒苗	猪瘟	按瓶签说明的剂量加水稀释，大小猪均肌肉或皮下注射1毫升。4天后产生免疫力。哺乳仔猪断奶后再注射1次	1.5年	－15℃，12个月；0～8℃，6个月；10～25℃，10天
猪肺疫弱毒菌苗	猪肺疫	大、小猪一律口服1.5亿个活菌。按猪数计算需用菌苗剂量，用凉开水稀释后拌入饲料，每只猪吃足量的饲料。口服21天后产生免疫力	3个月	

续表

疫(菌)苗名称	预防疾病	接种对象、方法及注意事项	免疫期	保存温度(℃)及时间
仔猪副伤寒弱毒疫苗	仔猪副伤寒	按瓶签用稀释液稀释后,1月龄以上的哺乳仔猪和断奶仔猪一律耳后浅层肌注1毫升(含40亿个活菌)。7天后产生免疫力	9个月	2~8℃,10个月;9~11℃,4个月
猪丹毒弱毒菌苗	猪丹毒	按瓶签稀释后,不论大、小猪一律皮下注射1毫升(10亿个活菌)。7天后产生免疫力	9个月	2~8℃,9个月;15~25℃,1个月
猪丹毒氢氧化铝甲醛苗		10千克以上的断奶仔猪皮下注射5毫升;10千克以下注射3毫升。45天后再注射3毫升。21天后产生免疫力	6个月	2~5℃,12个月
口蹄疫灭活疫苗	口蹄疫	耳根后皮下注射5毫升,14天后产生免疫力。只能预防同型病毒的传染	2个月	2~15℃,4个月
布氏杆菌猪型2号弱毒苗	布氏杆菌病	肌注1毫升(含50亿个活菌),3个月以内的仔猪及妊娠猪均不能注射	1年	0~8℃,1年

续表

疫(菌)苗名称	预防疾病	接种对象、方法及注意事项	免疫期	保存温度(℃)及时间
猪肺疫氢氧化铝菌苗	猪肺疫	不论大、小猪,均皮下注射 5 毫升。14 天后产生免疫力	9 个月	2～5 ℃,12 个月
猪水泡病鼠弱毒苗	水泡病	用生理盐水作 4 倍稀释,无论大小猪一律肌注 2 毫升。4～8 天后产生免疫力	6 个月	-5 ℃,6 个月;4 ℃,2 个月

第十七章　疾病预防与治疗

先进国家的畜禽养殖死亡率一般是8%～10%，而我国的死亡率在于20%～30%。究其原因，主要是传染病多发所致。要保证畜牧业的可持续发展，加强自身竞争力，防治和减少疫病成为畜牧业生产中最需要解决的问题之一。认真分析疫病的产生原因，针对性地进行综合防治是解决问题的关键。

一、猪瘟免疫方法

猪瘟是一种高传染性和致死性传染病，主要以免疫预防为主。但由于猪瘟流行出现了一些新特点，为保证免疫的效果，必须正确使用免疫疫苗。

1. 仔猪超前免疫

这是目前在疫区和受威胁区预防猪瘟的有效方法，即仔猪初生后在颈侧肌肉丰富处注射5～20头份的猪瘟兔化弱毒疫苗，待0～15小时后再让初生仔猪吸吮初乳。但有的养猪场(户)就掌握不了这一点，一边给初生仔猪注射猪瘟疫兔化弱毒疫苗，一边又让仔猪吸吮初乳，往往造成免疫的失败。仔猪超前免疫的关键点是要确保初生仔猪在未吸吮初乳之前进行，注射疫苗免疫后0～15小时才能让仔猪吸吮初乳，这样做的免疫效果才会可靠。

2. 合理的免疫程序

因为大多数猪场(户)为能做到免疫监测,致使一免和二免之间、三免和四免之间衔接不好,造成免疫空白期给病毒攻击以可乘之机,导致猪只发生瘟疫。普通的养猪场(户)可执行以下免疫程序(供参考):在实行仔猪超前免疫的猪场(户),仔猪进行超前免疫,在60日龄时应再加强免疫1次(即第二次免疫),注射3~4头份的猪瘟兔化疫苗,翌年春秋两季各免疫接种1次,剂量为每次每头4头份的猪瘟兔化弱毒疫苗;母猪在配种前需要注射1次猪瘟兔化弱毒疫苗,剂量为每头母猪4头份。此时接种的关键是必须保证所有待配母猪(后备母猪和经产母猪)都注射,最好选择在配种前一周左右注射,可促进母猪在怀孕期有较高的免疫来保护胎儿,保证有较高的初乳抗体水平,使仔猪得到母源抗体的保护。

3. 增加疫苗剂量

疫苗的免疫剂量是成功免疫的基础。当前,许多养猪场(户)普遍使用每头注射1头份的猪瘟兔化弱毒疫苗,殊不知这一剂量标准是依据国内地方品种制定的。近些年来我国瘦肉型猪发展很快,饲养比重大幅提高。瘦肉型品种猪体型大、生长快、瘦肉率高,依旧沿用几十年一贯制的猪瘟兔化弱毒疫苗推广使用的剂量标准,显然是剂量不足了。欧洲药典规定用C株疫苗免疫时,肌注400RID(兔感染量),即100PD_{50}(猪半数保持量),而我国规定C株细胞免疫剂量为150RID或者37PD_{50},剂量明显不足,因此有专家建议应考虑适当增加到3~4倍免疫剂量,以利于提高抗体水平,确保免疫接种真实有效。

二、猪计划免疫接种法

一头猪要接种哪些疫苗、疫苗的性能如何、怎样选购、什么时间接种,是每一个养猪户所关心的问题。进行药物预防和预防接种都要进行详细登记。在药物预防时,要记载使用药物的名称、剂量、方法、时间;预防接种时,要记载接种日期、疫苗或菌苗的名称、生产厂家、批号、有效期、剂量、方法,并登记已经接种和没有接种的头数,以便观察预防效果,分析发生失败的原因。

1. 猪瘟、猪丹毒、猪肺疫三联苗

按瓶签注明的头份,每头份加1毫升生理盐水或氢氧化铝胶盐水稀释液摇匀,2月龄注射1毫升,或每年春、秋两季进行预防接种,免疫期为6个月。

2. 细小病毒油乳剂灭活疫苗

后备公母猪配种前一个月进行免疫,经产母猪于分娩后或配种前2周进行免疫,种公猪每半年一次。怀孕母猪不宜接种。于耳后肌肉深部注射,每头2毫升。2周后产生免疫,免疫期为6个月。

3. 猪链球菌弱毒菌苗

按疫苗瓶签的头份,每头份加入20%氢氧化铝胶生理盐水1毫升稀释溶解,不论大小猪一律肌注或皮下注射1毫升,若口服剂量加倍。7天后产生免疫,免疫期为6个月。

4. 猪流行性腹泻氢氧化铝灭活疫苗

后海穴注射,对妊娠母猪在临产前 30 天接种 3 毫升,哺乳仔猪通过吮吸母乳获得免疫。15 天产生免疫,免疫期母猪为 1 年,其他猪为 6 个月。

5. 传染性胃肠炎灭活疫苗

本疫苗主要用于妊娠母猪,在分娩前 40~50 天肌注接种 1 毫升,临产前 10~15 天滴鼻(后海穴注射 1 毫升亦可)。也可对仔猪进行主动免疫,1~2 日龄仔猪口服或后海穴注射 1 毫升,5 天后产生免疫。

三、猪传染病控制方法

集约化养猪的群体大,数量多,一旦爆发传染病,对养猪生产的危害是致命的。而其他普通病总体来说发病率不高,而且容易治疗。因此,可以说,控制了传染病,就是保证了养猪生产的正常运作。

1. 合理的免疫程序

免疫程序应根据疫病的流行情况和规律,猪的用途、年龄、母体抗体以及疫苗的种类、性质、免疫途径等方面的具体情况制定。从其他猪场引进猪时,都要详细了解该场的免疫程序,根据该场的免疫程序结合自身的情况制定免疫程序。尤其是仔猪的初次免疫,应按母源抗体的消长情况选择适宜的时机进行接种。

2. 卫生消毒工作

猪场和猪舍必须按照规章制度严格地做好卫生和消毒工

作。猪群每1～2星期进行一次消毒。常用的消毒药物有烧碱、含氯和含硫磺的消毒剂。猪群采取“全进全出”的方式。在有条件的情况下,猪舍空置一段时间。

3. 有针对性地添加药物可以较有效地预防传染病的发生

抗生素使用的机会最多,因为抗生素除具有预防疾病的作用外,还具有促生长的作用。选择药物时,一般选择效果好、价廉、副作用及毒性小的。尽量在仔猪阶段和环境条件较为恶劣时使用,这样效果较为明显。我们常用的抗生素有土霉素、金霉素和泰乐菌素等。

4. 保持营养成分的平衡

必须满足各种年龄和类别的猪的营养需要量,保持营养成分的平衡。否则除易发生营养缺乏性疾病外,还会造成猪体抵抗力不同程度的下降,影响抗体的产生和吞噬功能,容易导致传染病的发生。

5. 保持良好的环境条件

猪通过平衡代谢热散失和从环境中摄取热量来调节体温。如果环境温度过高或过低,都会使机体改变代谢来调节体温从而达到与环境温度之间的平衡,这不仅影响猪的代谢及生长发育,还会降低猪对传染病的抵抗能力。其中冷应激对仔猪的危险较大。它会增高仔猪对传染性胃肠炎病毒的易感性,还妨碍新生仔猪由初乳中获得母源抗体。正常情况下猪能清除肺部的细菌,但在冷应激作用下会抑制肺内细菌的清除,诱发呼吸道和其他感染。而猪舍潮湿也容易导致气喘病,光照和噪声等都可以在一定程度上影响猪的正常生理活动和代谢,这些都应该尽可能避免。

6. 尽量缓解其他应激因素

仔猪在生长过程中,要经历许多的应激因素的考验。如剪牙、断尾、打耳号、免疫接种和断奶等。据我们的调查和观察,许多传染病均发生在应激发生之后。因此,在应激发生的前后,我们必须采取一定的措施去缓解这些应激因素。如适当地提高猪舍的温度,在饲料中添加一些药物和维生素、电解质等。

四、仔猪白痢病防治方法

(一)仔猪白痢的病因

仔猪白痢病是常见病。其发病率高达60%～80%,每年每季都有发生;有一定死亡率,使断奶仔猪体重下降,从而影响后备猪质量,并降低肉猪出栏率、增加药费、增加养猪成本。

仔猪白痢的特点:仔猪拉白色黏稀粪或灰白色黏稀粪,有腥臭味,一般发生在仔猪15～20日龄(所以又称迟发生性大肠杆菌病)。

仔猪白痢病的病因分外因与内因两类。

(1)外因:天气。夏季炎热、湿度大;冬季寒流侵袭,连阴天,圈内阴冷潮湿,母猪患乳房炎,胃肠炎;仔猪贫血使抗病力下降等。

(2)内因:品种差异。我国地方仔猪抗病力比国内培育品种与国外引进品种仔猪强,近亲繁殖使仔猪生活力与抗病力下降,仔猪白痢与仔猪免疫系统的发育关系密切。

仔猪从初乳获得抗体有时间限制。因为仔猪初生时,其肠道上皮处于原始状态(即开放状态),它能不加选择地吸收未经分解的大分子(如蛋白质、免疫球蛋白、微生物等),此过程也叫"喝细胞"过程。因此,此时是大量"喝"初乳抗体的时刻。吸收的时间顺序是:生后 6 小时内能吸收大部分,48 小时后基本不能吸收,72 小时后在回肠部丧失吸收能力。但此时间不是绝对的,如初生仔猪喂以电解质溶液或处于饥饿状态,其肠道屏障可保留使免疫球蛋白通透达 5 日之久。产后乳清蛋白含量迅速下降,产出第一头仔猪的 4～6 小时后,乳清蛋白只有开始的一半,产仔 13～16 小时后,乳清蛋白含量接近常乳。在生产中,有的猪场对先产出的仔猪并不固定乳头,而是吃吃这个、又吃吃那个乳头,所以先产出的仔猪获得的抗体多,其血清中抗体含量高。如果等仔猪全部产出后一起吃,就可以避免这种不平衡现象。为此,仔猪生后及全部吃上初乳是非常重要的。

仔猪由初乳与常乳中获得的抗大肠杆菌的免疫球蛋白在 2～3 周龄消耗完,而自身抗体却在 3 周龄产生。为此 3 周龄是仔猪从母体获得抗体与自身产生抗体的转换期,或称青黄不接期,此时仔猪防御能力下降,最容易患白痢病。

(二)预防仔猪白痢的措施

一是饲养杂交猪,提高免疫力。

二是防止近亲繁殖。猪场必须建立配种档案记录制度,并由专人记录与保管。

三是保证妊娠母猪与哺乳母猪的日粮中蛋白质、维生素与微量元素量足质优。

四是早补料、勤补料、补好料，有利于增强仔猪的体质与抗病力。

五是给仔猪补铁与硒。猪场常用的铁剂如含硒富铁力，每毫升富铁力含铁150毫克、硒1毫克，可预防仔猪贫血，间接预防仔猪白痢。因为如果仔猪发生贫血，使仔猪体质下降，进而使抗病力下降，很容易患仔猪白痢。补硒既可预防白痢病，又可增强仔猪的免疫力。一般于仔猪3日龄肌肉注射富铁力1～2毫升即可。

六是搞好猪场防寒防暑工作。

七是注意防治母猪乳房炎、胃肠炎等疾病。

八是研制预防仔猪白痢病的疫苗，这种疫苗不用给仔猪注射，而是给母猪注射，既方便又安全，效果又好。

国外有人成功地应用自家菌苗预防本病。菌苗的制作方法是：从现场以鲜血琼脂平板直接从肠道分离出的大肠杆菌纯培养物，在0.1%葡萄糖琼脂上培养24～48小时，培养物以生理盐水洗下，并稀释成每毫升含菌20亿的悬液。悬液在58℃水浴中保持24小时，或重复处理直到保证细菌完全被杀死。给产前15天怀孕母猪注射5毫升，产前10天再注射5毫升。母猪注射菌苗后，所生仔猪不再拉白痢，这是由于仔猪通过初乳已从母体获得了被动免疫。

我国成功地用三个大肠杆菌菌株制成了K88、K99、987P三价灭活苗，在母猪分娩前15～40天肌肉注射1～2次，剂量为2毫升，可有效地预防仔猪白痢。个体、集体、规模养猪场为提高预防疾病的科技含量，应尽量采用。

(三)仔猪白痢的治疗方法

1. 治疗原则

首先是尽早而及时;措施快而得力。最好通过给母猪喂药来治疗仔猪白痢,这样不用头头抓仔猪,母仔安宁,效果显著且安全。

2. 治疗措施(以下4方均是通过喂母猪来治疗仔猪白痢)

(1)中草药白头翁250克(为单独一头量,如大群发生时,每头母猪可按100克计)熬汤拌饲料喂母猪,每天2次,2次即好。此方不仅有治疗作用,还有预防作用。

(2)福尔马林液(即40%的甲醛液)20毫升/100千克体重,掺入饲料内喂母猪,每天2次,2次即好。

(3)来苏水10毫升,掺入饲料内喂母猪,每天1次,2次即好。

(4)小苏打和水杨酸钠粉按1:1混匀,每头猪10~20克/次,每天2次,2次即好。

(5)选用呋喃类药物,如呋喃西林、呋喃唑酮,每次用0.3克内服;或选用磺胺类,如磺胺噻唑、磺胺嘧啶,每次每头猪用1片;也可选用抗生素,如土霉素,每次每头猪1片内服。

(6)链霉素用蒸馏水或冷开水稀释成每毫升含10个单位的链霉素液(一般100个单位链霉素对水10毫升),未吃初乳前每头仔猪口服2毫升。

(7)母猪妊娠后期肌注0.2%亚硒酸钠1~2毫升,维生素E 30~50毫克。

(8)按0.3%的干石灰用量拌入饲料中,煮熟后喂母猪。

(9)凤尾草、马齿苋、旱莲草、海金沙(均为鲜草)各 100 克,加水煎成 400 毫升,1～3 日龄仔猪每日喂 1 次,每次 3 毫升。

(10)紫药水 20 毫升,用脱脂棉蘸后涂于母猪乳头,让仔猪吃时舔入。

(11)1.2%碘酊液 80 毫升、冷开水 30 毫升、甘油 40 毫升混合,给病猪日服 1 次,每次 3～5 毫升,连服 2～3 日。

(12)十滴水 2～3 滴,滴于病仔猪口中,每日 2 次。

(13)3%～4%的双氧水 3～4 毫升,灌仔猪内服,日服 1 次。

(14)高粱粉 50～100 克加水调成糊状,纱布过滤后用滤液喂病仔猪,每日 1 次,每次 2～3 汤匙。

(15)芋绿合剂:芋头苗、绿豆秆各 500 克,烧成灰后,加入呋喃西林 50 片(每片含量为 0.05 克)或磺胺咪片 30 片(每片含量 0.5 克),混合研成粉状备用。用时将药粉放入怀中调成糊状,用干净毛笔蘸适量涂于病猪舌上,每日 2～3 次,病重时可多涂些。

(16)苦参干品 100 克,加水适量煮 15 分钟,凉后喂仔猪。

五、仔猪红痢防治方法

本病为 C 型魏氏梭菌引起的肠毒血症。根据临床特点俗称仔猪红痢。

1. 症状

红痢主要发生于 1 周内的仔猪,2～4 周龄断奶猪也有感染,发病和死亡率在9%~60%,1周内的小猪致死率几乎100%,临床症状可分为4种类型。

(1)最急性型:初生仔猪8小时后突然发病,1~2天死亡,粪便红色。肛门和后躯染红色稀粪。病仔猪虚弱,不愿走动,有的不出现下痢,迅即死亡,常常压死在母猪体下。

(2)急性型:主要发生于1~3日龄的小猪,2~3天死亡。持续性下痢,内含有坏死肠膜碎片、混血,无力吃乳,消瘦而死。

(3)亚急性型:病仔猪持续性下痢,便中血很少,5~7天死亡。患病猪可以运动,食欲尚可,但渐渐消瘦。粪便初软或糊状,后转水泻,含有细小的坏死组织片,呈洗米水状,含有多颗小气泡。

(4)慢性型:持续性或间隙性腹泻。粪便灰黄色发黏,肛周及尾根部附着污粪。精神不振,生长停滞。病程可达数周,不死者也被淘汰。

2. 防治方法

魏氏梭菌存在于猪场的土壤、动物和人的肠道中,猪的带菌率很高。当这些病菌异常大量繁殖并产生毒素时,就会使仔猪发病。目前尚未知道魏氏梭菌大量繁殖的原因和条件是什么。新生仔猪发病主要是在吃奶时从污染的奶头和皮肤上吞入病原菌。因此,保持猪舍和分娩母猪体表的清洁卫生是十分重要的。

一旦发病,治疗毫无效果。用抗毒素血清治疗也不一定有效,而且价格昂贵,不可行。

主要的防治方法是:

(1)用C型魏氏梭菌苗(类毒素)给母猪进行免疫注射,使初乳中的抗体进入小猪胃肠道,产生免疫力。

(2)抑制病原繁殖:在病原猪群中,对怀孕母猪于产前一个月和产后半个月各注射一次仔猪红痢菌苗,每次肌肉注射10毫升。

(3)经常发红痢病的猪场,可在仔猪出生后,用抗生素进行口服预防。如有条件,可用C型魏氏梭菌培养物制成的类毒素,在母猪产前一个月开始注射,第一次肌肉注射5毫升,间隔2周再注射8~10毫升,这样可使母猪免疫。

六、仔猪水肿病防治方法

仔猪水肿病又叫猪溶血性大肠杆菌毒血症,俗称胃肠水肿。是由某些溶血性大肠杆菌所产生的毒素引起的断奶仔猪的一种急性、散发性传染病。其发病率虽然不高,但致死率很高。目前本病尚无有效的菌苗,亦无可靠的治疗方法。对本病必须采取综合性的预防措施,辅以适当的治疗方法。

克链霉素肌肉注射,可以预防本病的发生。

(1)发病后可应用抗菌药物抑制肠道内的病源性大肠杆菌。常用的有:呋喃唑酮(痢特灵),每日按每千克体重5~10毫克内服;氯霉素:每千克体重50毫克,日服2次;链霉素0.5克,内服,每日2次。

(2)为了排除肠道内的细菌及其有毒物质,应用盐类泻剂以缓泻,如硫酸钠或硫酸镁每头猪20克,混于饲料中喂服或灌服。

(3)用葡萄糖、氯化钙等静脉注射;安那加皮下注射;口服利尿素,以强心、利尿、解毒。上述疗法配合使用可提高疗效。

七、仔猪副伤寒病防治方法

仔猪副伤寒病是由沙门氏杆菌属的猪霍乱杆菌和猪伤寒杆菌等引起的一种条件性仔猪传染病。2~4 月龄的小猪最容易感染,因此叫仔猪伤寒病。本病一旦发生很难根除,对生猪生产的发展危害严重。

数周至数月的仔猪易患本病。这与抵抗力强弱有一定关系。数周龄的猪易发生急性败血症,而数月龄的猪呈亚急性或慢性。有时成年猪也能感染,病愈猪和外观健康的猪可以成为带菌者。病原菌可以从粪便、鼻涕排泄出体外。因此,被污染的饲料、饮水、土壤等都是危险的传染媒介。

本病没有明显的季节性,不像猪瘟那样呈急性暴发,而多为散发,有时也造成地方性流行。常和猪瘟、猪肺疫等混合感染,而使病情恶化。

1. 症状

潜伏期长短不一,有 3 天到 1 个月左右。在临床上可分为急性和慢性两种,一般多为慢性。急性呈败血性的症状,体温升高到 41~42 ℃,食欲废绝,不愿行动,有时有腹泻和呕吐,粪便恶臭。时而呼吸困难,时而咳嗽,黏膜发绀。

2. 防治方法

(1)呋喃唑酮(痢特灵),每千克体重 20~40 毫克,内服,每日 2 次。连用 2~5 日后剂量减半,再继续服用 3~5 日。

(2)磺胺类药物,如磺胺二甲基嘧啶,每千克体重0.2克,每日分2次内服,连用7～10日;磺胺咪,每千克体重0.4～0.6克,每日分2次内服,连用7～10日。

(3)将大蒜200克(去皮、捣烂),加入白酒500毫升,振荡混匀后密封放置1星期备用。每头病仔猪服5～10毫升。内服,每日2次,服至食欲开始好转后,加入饲料中继续喂服数日。

八、仔猪黄痢病防治方法

仔猪黄痢是由大肠杆菌引起的初生乳猪的一种急性肠道传染病。其发病率和死亡率都很高,往往给生猪发展带来了严重的经济损失。

仔猪黄痢是初生仔猪的一种肠道急性高度致死性、以拉黄色稀粪为临床特征的常见传染病。本病由一定血清型的致病性大肠杆菌引起,常见于1周龄以内的哺乳仔猪,尤以1～3日龄最多见且呈急性经过,7日龄以上仔猪极少发病。若患病猪用药不及时或选药不当将导致很快大批死亡。尤其是出生后24小时内的仔猪死亡更高,以后随日龄增大而发病减少。此病在临床上初产母猪比经产母猪所产的仔猪发病率及死亡率要高,因为初产母猪的初乳中所含 的特异性抗体较少。本病的传染主要是带菌母猪,往往一个猪场一次传染之后,一般经久不断,只是发病率和死亡率会有所下降。常见到同窝仔猪中有一头发病后很快蔓延至全窝仔猪,其发病率高的可达100%。在实践中,发现母猪奶汁过浓的仔猪容易发此病。喂细米糠、麸皮为主的母猪较喂稻谷粉、玉米为主的母猪,前者的仔猪发病率要高得多。

本病主要发生在生后数小时至 3 日龄内仔猪,最迟也不超过 7 天,14 日龄以上的仔猪、架子猪、公母猪均未见此病。据 153 窝仔猪统计,3 日龄内发病的仔猪,占发病仔猪总数的 90.2%。由于本病只在初生仔猪中流行,因此,发病季节多集中在产仔旺季。常常是窝内一头猪发病,3 天之内几乎全窝发病。据 155 窝发病仔猪的调查,窝内发病仔猪达 90%以上的有 110 窝,占总窝数的 64.5%;发病率在 50%以下的仅 6 窝,占总窝数的 3.9%。

仔猪黄痢病的死亡率随仔猪日龄的增长而降低,生后 24 小时左右发病的仔猪,如不及时治疗,其死亡率可达 100%,如果病超过 3~4 天,死亡率可降低,但生长不良,或转成白痢病。

1. 临床表现

病情潜伏期极短,初生奶猪体质健壮,吃奶无力,发病最早的是出生后几小时内看不见明显症状而突然死亡,可见腹围膨大。但无拉稀症状。随后其他奶猪相继发生下痢,排出黄白色、黄色或灰黄色带气泡的水样稀便且特别腥臭,下痢次数逐渐增多,不久转为半透明黄色液体,有时在猪圈内见不到稀便(被母猪舐食了)。病初肛门不留稀便的污迹,粪便粘污尾根、会阴和后肢等处。在白色猪体的尾根、肛门、阴门尖端、飞节上出现红色充血。严重病例当把奶猪抓到手中时,随挣扎和鸣叫,水样黄色稀便即从肛门自行流出,肛门松弛,排便失禁,停止吃奶,表现极度消瘦,口渴喜饮,肌体严重脱水(眼窝凹陷、皮肤失去弹性、肌体干燥消瘦)，最终因心力衰竭虚脱昏迷而死。

2. 尸检病变

急性死亡者肉眼几乎见不到肠道的炎症变化，其它实质器官也无明显变化。病程稍长者尸体、被毛、皮下组织等明显脱水，肠、胃黏膜明显的急性卡他性炎症，尤以十二指肠最严重，肠黏膜肿胀、出血充血，肠壁很薄，肠道膨胀，肠内容物呈黄色混合凝乳块。肠系膜淋巴结充血、肿大，多汁，有弥漫性小点出血。肝、肾变形有小的坏死状。

3. 综合防治

(1)治疗：①抗菌消炎是治疗本病的根本，应贯彻于整个治疗过程。抗生素选用诺氟沙星和硫酸卡那霉素，同时运用最理想，硫酸卡那霉素(人用)每头每次50万单位肌肉注射，诺氟沙星(氟哌酸)每头每次0.2克灌服，每日3次，连用2日。②补液强心解毒，本病多发生于1～3日龄的初生仔猪，个体弱小，主症拉痢，极易造成脱水和机体中毒而死亡。因此补液强心解毒是治疗本病的关键措施，取复方氯化钠(林格氏液)注射液75毫升，50%葡萄糖注射液20毫升，5%碳酸氢钠注射液10毫升，维生素C 1克混合均匀后每头每次口服10～15毫升或腹腔注射10毫升，每日2次，连用2日。腹腔注射时，混合的药液温度必须要求在38℃左右，注射最多不能超过5次。在给仔猪治疗的同时母猪内服中药1剂收效甚佳，其方剂为地榆、陈皮、枳实、厚朴各40克，槐花、茯苓各30克、台乌、黄荆子各50克，粟壳、甘草各25克，栀子、黄芩各45克，陈皮、生姜、益母草为引煎拌食喂服。③痢特灵0.2克，连用3天;土霉素0.2~0.3克,每日服3次,连用3天;氯霉素注射液1毫升,肌肉注射,每日2次,连用3天;合霉素0.5克,每日2次,连服3天;庆大霉素5 000单位肌肉注射或2万单位口服,每日2次。根据实际情况选用其中一种药物即可。④仔猪开始发病时,除了给所有的仔猪立即按上述疗法滴服抗菌药外,最好是给那些临产母猪注射抗菌药物,连续3~5天。药物经母猪吸收后,通过乳汁供给仔猪,可使初生仔猪免受感染。⑤死亡仔猪要深埋,猪圈、粪便、污物及垫草要及时清除,并进行消毒。

说明:一窝仔猪若有一头发病必须全窝仔猪同时用药,未表现拉痢者只需用抗菌消炎药,而不必用补液强心解毒药物。

(2)预防:①平时做好圈舍、环境、饲料及饮水的清洁卫生工作。加强怀孕母猪的饲养管理,以保胎儿的正常发育和健壮。②母猪产仔前,要清除产圈内的粪便,打扫干净,消毒后再垫上干净的褥草。用0.1%的高锰酸钾溶液将母猪奶头洗干净,并把每个奶头的乳汁挤掉几滴,然后再让仔猪吃奶。③在经常发生本病的猪场,对产仔季节所产的仔猪,可喂给抗生素药物以预防发病。要让仔猪尽快吃上初乳,因初乳分泌抗体使仔猪得到保护。购入新猪,也可能将大肠杆菌带入场内,造成本病暴发和较大损失,因此,猪群自繁自养是防止本病的好办法。对有黄痢病史的猪场,在母猪产仔前两天和产仔结束时分别用0.3%的高锰酸钾溶液将猪圈彻底消毒一次。另外,母猪产前一周至产后一周期间,每天用利特灵(人用)15片分2次拌食喂服,在母猪配种后30天和产前10天分别用0.1%亚硒酸钠注射液5毫升肌肉注射一次。初生仔猪没有吃初乳之前用诺氟沙星(人用)0.2 克一次灌服,隔 4 小时再灌服一次。若给产后母猪服 1 剂中药,则预防效果更令人满意。此剂中药还具有增乳、解表之功,其方剂为三棱、柴胡、通草、木通、王不留行、川芎、麦冬、地榆各 30 克,猪苓、黄芪、党参、蒲公英各 40 克,大青叶、花粉、莪术、谷芽、甲珠各 20 克,甘草、益母草、车前草为引煎汁服。

九、仔猪缺铁性贫血与补铁

仔猪缺铁性贫血是一种常见的仔猪营养性疾病,一旦发生该病,就会出现仔猪精神不振、呼吸困难、气喘等症状,严重影响仔猪的发育,甚至造成仔猪死亡。

1. 仔猪缺铁性贫血的发生原因

铁是构成血红蛋白的重要物质,仔猪出生时体内含铁量为 25~50 毫克,由于仔猪阶段的生长速度极快(20 日龄时可达出生体重的 4~5 倍),每天维持其生长代谢需铁 7~15 毫克,而哺乳仔猪每天母乳中获得的铁仅够维持其 3~5 天的生长代谢需要,如果不及时补铁,就会造成仔猪的缺铁性贫血。

2. 对仔猪如何进行补铁

通常认为,对仔猪在 3~4 日龄进行一次大剂量补铁(150~200 毫克/头)即可满足正常生长的需要,但根据实验研究证明,二次补铁可以明显提高仔猪的抗病力、成活率及日增重,经济效益显著。据测算,二次补铁虽然增加一些补铁成本,但其投入产出比可以达到 1:20 以上。二次补铁的方法如下:3 日龄前给仔猪注射铁制剂 1 毫升(含铁 100 毫克,最好是右旋糖酐铁),10 日龄进行第二次补铁,剂量为 1 毫升注射方法均为颈部肌肉注射。

3. 补铁反应与铁制剂的选择

给仔猪补铁后,有时会引起呕吐、呼吸困难、心跳加快、步态不稳等症状,严重者甚至造成死亡。这种现象即为补铁反应。又可以从两方面做起:一是在补铁前一天给仔猪补充维生素 E 或在补铁时加乙氧喹;二是选择高质量的补铁产品。市场上常见的几种补铁产品如下表所示,供选用时参考。

品种	产地	含铁量(毫克/毫升)	利用率	其他防病作用	补铁反应	含维生素种类	综合效果
铁钴针	国产	20	较善	无	有	无	有效果
牲血素	广西	150	很好	无	有	无	较好
铁性素	新西兰	100	很好	有	无	维生素 A、维生素 D_3、维生素 E	很好

十、猪瘟防治方法

猪瘟是一种传染快、死亡率高的传染病。主要经消化道传染。急性病例呈败血症变化,慢性病例以纤维素性坏死性肠炎为主要特征,故俗称"烂肠瘟"。

1. 诊断要点

(1)体温上升到 41 ℃,持续不退。

(2)吃食少,喜喝脏水,怕冷,喜单独钻进草窝。

(3)腹下、耳根及四肢内侧出现紫红色斑点,手指压不褪色。

(4)眼稍发红,眼角有脓样眼屎。

(5)软腭有条纹状烂斑。

(6)肾脏、膀胱有针尖状小红点。淋巴结暗红色、肿大,切面红白相间像大理石花纹(脾脏边缘出血性梗塞)。病期长的,在肠和回盲口有黄豆或蚕豆状烂疙瘩。

(7)鼻黏膜常见发炎,有脓性分泌物流出。

(8)病初便秘,粪便发黑,有如算盘珠子;后见腹泻,粪便恶臭,带黏液或带血。

2. 预防

(1)坚持每年春秋两季打预防针。7 日龄仔猪要打猪瘟疫苗,断奶后补打一次。

(2)在流行期间,对全猪群进行检查,将病猪及可疑病猪隔离饲养。贵重的种猪,在备有抗猪瘟血清的单位,可进行治疗,对早期病猪有一定疗效。剂量按瓶签说明。

(3)对发病猪场及附近未发病的猪只,全部用猪瘟兔化弱毒疫苗进行紧急注射。潜伏期的病猪注射疫苗后,可能发病或死亡。鉴于猪瘟的病理和疫苗产生免疫力快的特点,经验证明,在疫区采取紧急注射,常可有效地防止新的病猪出现并缩短流行过程。

(4)发病猪舍、运动场、饲养管理用具,均用 2%的热碱水或 30%草木灰水溶液进行消毒。病猪圈消毒后,铲除表皮土壤,15 天后才放入健康猪。粪尿及垫草等污物,堆沤发酵后作肥料。

(5)病死的猪必须深埋。确需急宰的病猪,要在指定地点屠宰,将肉切成1千克大小的块状,煮沸1.5～2小时后方可利用。绝不允许将病猪生肉在市场出售或分送他人。病猪的血水、内脏的病变部分、鬃毛及洗刷脏水全部深埋,或与粪土、垫草堆沤发酵后利用。所用的刀、板、盆、筐、桶等用具及污染的地面,均用热碱水消毒处理。

十一、猪丹毒防治方法

猪丹毒是一种急性败血性疾病,特征是:最急性及急性病例,表现为败血症;亚急性病例在皮肤上出现大小不等、形状不一的紫红色疹状块,俗称打火印;慢性病例发生关节炎或心内膜炎等。

1. 诊断要点

(1)病猪突然不吃食,寒战,喜卧,行走摇摆不稳。

(2)体温升高,超过42℃以上,持续不退。

(3)眼结膜潮红,有浆性分泌物,呕吐。初粪软,后腹泻,间杂有血污。

(4)以皮肤上出现疹块为特征,病后1～2天,在背、胸、颈、腹侧及四肢的皮肤上出现深红、黑紫色大小不等的疹块。或融合连成一大片,疹块稍凸起,指压红色暂时消褪,很像火烙印。

(5)剖检内脏,小肠严重发红,脾脏增大,脾边缘棕红色。

(6)慢性猪丹毒主要症状为心内膜炎、关节炎,或两者并发。患慢性心内膜炎的病猪,体温正常或稍高,食欲时好时坏，生长发育不良，被毛粗乱无光泽，贫血，时有腹泻，体弱无力，不爱走动，驱赶跑动时呼吸困难、衰竭，甚至发生虚脱和死亡。患慢性关节炎的病猪，可见股关节、腕关节发炎肿大；初期热痛，跛行，步态僵硬，喜卧，甚至不能行走和站立；食欲也时好时坏，生长发育迟缓。

2. 预防

(1)本病多在夏秋炎热季节流行，要抢在发病前一两个月注射猪丹毒菌苗。

(2)猪圈、用具常用20%的新鲜石灰水消毒。

3. 治疗

(1)青霉素对本病有较高疗效。青霉素粉剂用量按每千克体重1万～2万单位，用蒸馏水或生理盐水稀释后，臀部肌肉注射，每天2～3次。为了避免抓猪困难，也可先注射青霉素水剂，每千克体重6 000单位，接着注射油剂青霉素1～2毫升，每天1次。经过治疗后体温下降、食欲和精神好转时，仍要继续注射2～3次，以巩固疗效。

(2)部分病猪用青霉素治疗无效，可改用链霉素，每千克体重20毫克，分2次肌肉注射。或用土霉素盐酸盐，每10千克体重0.2～0.4克，稀释后深部肌肉注射。或用四环素，每千克体重0.5万～2万单位肌肉注射，每天1～2次。也可用10%磺胺噻唑钠，每头20～40毫升，肌肉注射，每天1～2次。

(3)皂浴疗法：对急性及亚急性猪丹毒，采用皂浴能收到较好疗效。先用温水洗去病猪身上的污垢，然后用新鲜肥皂遍身涂擦，随即用手指或软刷用力抓、擦，直至病猪全身发红，体表形成一层浓厚肥泡沫为止。待泡沫干后(1.5～2小时)，再擦洗第二遍。每天浴疗3次。若体温开始下降,可不再皂浴;否则继续浴疗至愈为止。对跛行和局部形成痂皮或痂皮已脱落的病猪,可进行局部皂浴,每天3次。治疗期间,猪舍应清洁、干燥,保持安静。治疗后3～5天内,病猪不能淋雨,并要加强饲养管理及护理。

(4)50千克重的猪,每头日服磺胺嘧啶或磺胺甲基嘧唑或磺胺二甲基嘧唑6～9克,分4次服完,每隔6小时一次。第一次加倍量,连继服药不超过6天。

十二、猪肺疫防治方法

猪肺疫又叫猪巴氏杆菌病,俗称“锁喉风”或“肿脖子病”。系多杀性巴氏杆菌引起的地区流行性或散发性、继发性传染病。急性病猪呈出血性败血症、咽喉炎和肺炎;慢性病猪主要为慢性肺炎症状,散发性发生。

本病在南方地区呈急性流行,北方地区多呈散发或继发性发生。虽不像猪瘟危害那样大,但常与其他疾病并发感染、继发而加重病情。

1. 诊断要点

(1)症状明显的可见体温升高至41℃以上,食欲废绝,精神沉郁、寒战,黏膜发绀。耳根、颈、腹等皮肤出现紫红斑,指压时不能完全褪去。

(2)较典型的症状是急性咽喉炎,颈部急剧肿大,呈紫红色,触诊坚硬而热痛,重者波及耳根及前胸部,呼吸极困难,张口喘气,叫声嘶哑,常两前肢分开呆立,口鼻流出白色泡沫液体,有时混有血液,严重时呈犬坐姿态张口呼吸,直至窒息死亡。

(3)继发性咳嗽,呼吸困难,进行性消瘦,行走无力,关节炎,关节肿胀、跛行。有些病例还发生下痢。

(4)剖检死猪,皮下有许多小红点,淋巴结切面全红,肺充血水肿。

2. 预防

预防本病的根本方法,是在春、秋两季定期进行预防注射,加强饲养管理,以增强猪体抵抗力。

3. 治疗

(1)20%磺胺嘧啶钠或磺胺噻唑钠,每头小猪10～15毫升,大猪20～30毫升,交巢穴(或静脉、肌肉)注射,每天2次,连用3～5天。

(2)链霉素,每头大猪1克,小猪0.5克,稀释后分2次肌注。

(3)在颈的肿大部位注射青霉素,每千克体重1万～2万单位,每天2次,连用3～5天。

(4)鲜鱼腥草一把,捣汁或煮水灌服。

十三、猪喘气病防治方法

猪喘气病是一种接触性慢性传染病,病变的主要特征是融合性支气管肺炎,病程多为慢性经过。本病又称为猪霉形体肺炎或猪地方流行性肺炎。各种年龄和品种的的猪都能感染此病,母猪感染后常影响后代健康,不能作种用。

1. 诊断要点

(1)病猪的主要症状是咳嗽和喘气。初发病时明显症状是流泪。随后咳嗽逐渐明显,先是干性或湿性的短声连咳,一般连续咳 4～10 声。早晨、食后或被驱赶后,喘咳加重,有时可连续咳 20～30 声。

(2)病猪呼吸时,腹部呈特殊的抽动,静卧时更加明显。

(3)呼吸次数增加,初期每分钟 60～90 次,严重时可达 100 次以上,多呈张口腹式呼吸,伴有粗响的哼声。

(4)咳嗽时嘴触地,猪体紧缩,全身震颤,并有喷嚏。

(5)剖检死猪,肺两侧尖、心叶、中间叶变成肝脏样。

(6)与寄生虫病的区别:肺丝虫或蛔虫都可引起咳嗽,但肺丝虫病可于粪便中检出肺丝虫卵或幼虫,用左咪唑、氰乙酰肼治疗有效;蛔虫幼虫所引起的咳嗽,数天内逐渐消失,无喘气症。

2. 预防

(1)自繁自养,防止从外地购进病猪是预防本病的关键。严格挑选公、母猪。

(2)加强饲养管理。饲料适当调配、多样化,喂给适量青绿多汁饲料和矿物质饲料。猪圈保持清洁、干燥、通风,勤换垫草。防寒保暖,避免过于拥挤,定期消毒。断奶仔猪定期驱虫。

(3)发病后要对病猪严加隔离,加强饲养管理,对症治疗。

(4)淘汰病猪,不作种用,更新猪群,及时培育健康猪群。

(5)对病猪舍及用具消毒,粪便堆积发酵后作肥料。

3. 治疗

(1)用土霉素盐酸肌注,每千克体重0.03~0.04克,5~7天为一疗程。土霉素碱植物油稀释肌注,每千克体重40~50毫克,隔天1次,5次为一疗程。必要时治2~3个疗程。

(2)硫酸卡那霉素肌注,每千克2万~4万单位,每天1次,5天为一疗程。

(3)为缓解喘气,可皮下注射麻黄碱素1~2毫升(含药量0.03~0.06克)或25%氨茶碱8~10毫升(含药量0.2~0.4克)。

(4)为防止继发性病,可同时注射青霉素+链霉素(每头猪用青霉素120万~160万单位+链霉素50万单位)。

(5)用猪胆汁10毫升,一次深部肌肉注射,隔日1次,连用3次。

(6)用西宁安亨通光华制药有限公司生产的"泰乐星"牌磷酸泰乐菌素预混剂呼痢泰-88(健康群按0.12%,发病群0.24%比例)混料饲喂,预防猪气喘病,总有效率100%,治愈率99.5%,发病群增重率高出10.2%,接近健康猪水平,健康群增重提高2.3%,饲料利用率提高5%,效果均优于土霉素、利高霉素,同时对萎缩性鼻炎、猪痢疾也有明显的预防效果。

(7)鱼腥草注射液(每千克体重用量1毫升)、盐酸环丙沙星注射液(每千克体重用10毫克)、亚甲蓝注射液(每头每次5~10毫升)、硫酸阿托品注射液(每头每次0.01~0.03克)混合后肌注,每天2次,4天为一疗程。

(8)交沙霉素:此药为日本产,是治疗人肺炎药物,以50或100毫克/千克的交沙霉素加入猪饲料中,投喂30~80日龄的气喘猪,效果很好,对猪的增重饲料转换均有很大改进。

(9)维生素 B_6:在病猪饲料中加入维生素 B_6,连用 3~4 天即愈;食后每天增重 0.3~0.4 千克。用量:大猪每日 50~70 毫克;小猪 20~30 毫克;病重可酌量增加。但不能加过多,以免伤害神经系统。此法对小猪效果更好,现在美国已广泛应用,并可控制猪喘气病流行。

十四、猪瘟与猪附红体混合感染的诊疗

感染猪瘟病毒的猪,抵抗力降低,尤其是在天气剧变、阴雨潮湿、饲养管理较差、卫生不良、吸血昆虫繁殖旺盛的季节,极易并发猪红细胞体病造成大批死亡。

1. 症状

病猪精神沉郁、减食或不食(用安仍近、青霉素等药物治疗,病初用药后,猪就吃东西,停药就不食,再用药就食,后来再用药也不食),被毛竖立,畏寒、颤料,不愿动,喜挤在一堆,怕冷,叫声嘶哑;体温升高到 40~41.5 ℃,耳、四肢、腹部皮下有出血点;拉干粪并带有黏液,眼屎多;皮肤和可视膜苍白,黄疸,尿液呈黄色,最后衰竭死亡。

2. 防治

必须采取综合防治措施,才能使疾病得到控制。加强饲养管理,采用营养全面的配合饲料,提高猪体抗病力。一旦发生猪瘟,应立即封锁猪场,扑杀病猪,进行深埋。可疑病猪进行就地观察。

(1)凡被猪瘟病毒污染的猪都要进行猪瘟兔化弱毒疫苗

的紧急免疫接种，接种剂量为正常免疫剂量的3～4倍。注射原则是未发现病猪的猪舍先注射，后注射病猪同群猪，病猪不注射。注射针头一头猪换一个，不能用二联三联苗。

(2)用猪瘟高免血清进行紧急肌肉注射，每千克体重0.5毫升，每天1次，连用3天；同时用安痛定常规量，每天2次；清瘟败毒剂按说明连用3天。

(3)用1%伊维菌素注射液进行治疗，病猪每10千克体重用0.2毫克，颈部皮下注射，隔5～7天再注射一次。

(4)肌肉注射复方红净，每千克体重0.2毫升，每天1次，连用3天。

(5)全群饲料内混合0.2克土霉素，连用5天。

十五、母猪化胎的预防

化胎指在养猪生产中，常常遇到母猪产仔率低的现象，除受精率低外，受精卵在发育过程中造成胚胎早期死亡，并被母猪吸收。可通过以下方法解决这一难题。

1. 加强空怀母猪的饲养管理

在配种前3～4天加强蛋白质饲料和能量饲料，同时添加矿物质和维生素，使其较快进入配种最佳状态。对膘情较差的空怀母猪，可采用配种优饲的饲养方法，即在配种前较长的一段时间内加强营养，使它尽可能地恢复膘情、体力，以利于配种、受胎、保胎，提高产仔率。

2. 适时配种

母猪的配种时间在发情开始后22～24小时最好。从发情症候上看,母猪由极度兴奋转为安静,阴道流出白丝状黏液,手压母猪背腰,母猪呆立不动时,配种最好,这样胚胎的死亡率低,产仔率高。

3. 调节内分泌

在配种后 7 天,每头母猪肌注孕酮 30 毫克,可有效减少胚胎死亡,防止母猪化胎。

4. 提高饲料品质

怀孕期间的母猪,饲料品种要好,严防用霉变、污染、冰冻饲料喂猪,否则易发生食物或农药中毒。轻者会造成胚胎中毒死亡,重者则会影响母猪的生命安全。

5. 控制好环境温度

母猪在怀孕的第一周,环境温度短时间内(24 小时)高达 32~35 ℃时,胚胎死亡增加。同样,如用受热的公猪配种,容易造成胚胎死亡,因此最好把环境温度控制在 15~25 ℃。

6. 适当运动

母猪长期不运动,胚胎死亡率比经常运动的母猪高 0.3%。母猪运动的方式应以自由运动为主。但要防止母猪摔倒。

十六、猪常用消毒药的配制方法

1. 20%~30%草木灰

取筛过的草木灰 10~15 千克,加水 35~40 千克搅拌均匀后,持续煮沸 1 小时,补足蒸发的水分即成。主要用于圈舍、运动场、墙壁及食槽的消毒。应注意水温在 50 ~70 ℃时效果最好。

2. 10%～20%石灰乳

取生石灰5千克加水5千克，待化为糊后，再加入40～50千克水即成。用于圈舍及场地的消毒，现配现用，搅拌均匀。

3. 石灰粉

取生石灰块5千克，加入2.5～3千克水，使其化为粉状。主要用于舍内地面及运动场的消毒，兼有吸潮作用，过久无效。

4. 2%火碱(氢氧化钠)

取火碱1千克，加水49千克，充分溶解后即成2%的火碱水。如加入少许食盐，可增强杀菌力。冬季要防止溶液冻结。火碱水常用于病毒性疾病的消毒，如猪瘟、口蹄疫以及细菌性感染时的环境及用具的消毒。因有强烈的腐蚀性，应注意不要用于金属器械及纺织品的消毒，更应避免接触家畜皮肤。

5. 漂白粉

取漂白粉2.5～10千克，加水40～47.5千克，充分搅匀，即为5%～20%的漂白粉混悬液，能杀灭细菌、病毒及炭疽芽孢，用于圈舍、饲槽及排泄物的消毒。漂白粉易潮湿分解，并具有腐蚀性，应现用现配，要避免用于金属器械的消毒。

6. 5%来苏儿

取来苏儿液2.5千克加水47.5千克，拌匀即成。用于圈舍、用具及场地的消毒，但对结核菌无效。

7. 10%臭药水

取臭药水5千克加水45千克,搅拌均匀后即成10%乳状液。用于圈舍、场地及用具的消毒;3%的溶液可驱体外寄生虫。

8. 70%~75%酒精

取浓度95%酒精1 000毫升,加水295~391毫升,即成浓度为70%~75%的酒精。用于皮肤、针头、体温计等消毒。此浓度的酒精易燃,不可接近火源。

9. 5%碘酒

碘片5克、碘化钾2.5克,先加适量酒精溶解后,再加95%的酒精到100毫升。常用于皮肤消毒。

十七、对症多次使用青霉素、链霉素等药物不见成效怎么办

对症使用青霉素、链霉素等药物,总有效率可达98%,一般15~20分钟即可见效。12小时注射一次,对于重症和危症的猪尤其有效。一般情况下,病情较短的注射不超过3次即能痊愈。该方法的最大优点是:治愈后的猪与未发病的猪一样,药品对猪(包括已怀孕的猪)无任何副作用,在一定时期内旧病不易复发。

凡是经过几次对症注射青、链霉素等药物未见效时,可改用下面三种人用药物混合肌肉注射(暂定为基本方)。

基本方:①地塞米松,按猪体重每5千克每次用2毫克;②尼可刹米,按猪体重每15千克每次注射1支(内含尼可刹

米 0.375 克）；③盐酸卡那霉素，按猪体重每 10 千克每次注射 2 毫升。

如果遇到下列情况，要按下列方法治疗：

（1）对于咳嗽、气喘不止（支气管哮喘、肺炎、猪肺疫）的病猪，使用基本方，再混合（或单独）注射 3% 麻黄素（碱，每支内含 30 毫升），按猪体重每 15 千克每次注射 1 毫升。

（2）对于突然瘫痪的病猪，使用基本方，再注射新斯的明，按猪体重每 25 千克每次注射 1 毫升。

（3）对于呕吐不止的病猪，使用基本方，混注盐酸氧氯普胺（胃复安），每 12.5 千克体重每次注射 1 毫升。

（4）对于体表青紫、指压不褪色、长期不食的猪，使用基本方，单注复合维生素 B，每 10 千克重每次用 2 毫升。

（5）对于粪便干硬不下、喘气的猪，使用基本方，再灌服硫酸钠或硫酸镁；大猪每头每次 50 克；中猪每头每次 30 克；小猪每头每次 10 克。也可以灌服植物油。

上述方法主要适用于猪感冒、流行性感冒、猪肺炎、猪肺疫、猪丹毒、猪链球菌、仔猪副伤寒、夏季重症中暑等一般性、细菌性或病毒性疾病。

十八、怎样给猪驱虫

由于卫生条件和管理措施的种种限制，农村养猪寄生虫感染比较多，而对此人们很容易忽略。寄生虫造成的损失是严重的，而且是隐性的。猪只吃料不长肉或少长肉（甚至最后发展成僵猪），猪群抗病力及抗应激能力就会下降。农户养猪想百日出栏就必须建立自己猪群的驱虫程序。就这一点来说,对于某些卫生恶劣的猪圈群体尤为重要。

感染寄生虫的生猪一般表现为生长缓慢或长期消瘦,呼吸急促,咳嗽,黄疸,被毛粗乱无光;卧地吃食,粪便带血等。病猪多为2～6月龄猪。驱虫是生猪育肥的重要措施之一。要获得较好的效果,应注意以下几点。

1. 选好驱虫药物

驱线虫药有左旋咪唑、敌百虫、盐酸噻咪唑、哌嗪等;驱吸虫药有硝硫酚和硫双二氯酚等;驱囊虫药有吡喹酮;驱弓形体病有乙氨嘧啶和磺胺类药物等。粉剂用于防治蜱螨等体外寄生虫较恰当。不论选用何种药物,用一段时间后最好换另一种,以免产生抗药性,影响驱虫效果。如:齐全打虫星,按每千克体重用药1克;驱虫精,按每千克体重用药20毫克;丙硫咪唑,每千克体重用药15毫克;左旋咪唑,每千克体重用药8毫克。另外,还可用百敌虫每千克体重用药80～100毫克。驱虫时应注意药量不能过量或者不足,以免影响效果。

2. 把握恰当的驱虫时机

给猪驱虫不单要对症下药,还要讲究投药时间。投药过早达不到驱虫效果,太迟则影响猪的发育,形成僵猪。应根据虫体的种类、发育情况以及季节确定驱虫时间。在通常情况下,首次给猪驱虫最好选在猪体重30千克左右时进行,以后每隔30天驱虫一次。这样能一箭多雕,把几种虫一齐打下。冬季是驱虫的黄金季节,在这个季节驱虫,可收到事半功倍的效果。驱虫宜在晚上进行。

3. 驱虫前先禁食

为便于驱虫药物的吸收，驱虫前应禁食12～18小时。晚上7～8时将药物与饲料拌匀，一次让猪吃完。若猪不吃，可在饲料中加入少量盐水或糖精，以增强其适口性。群养猪，先计算好用药量，将药研碎，均匀拌入饲料中。驱虫期间（一般为6天），要在固定地点饲喂、圈养，以便对场地进行清理和消毒。

4. 猪舍场地要消毒

有些养猪户给猪消毒后对猪舍不清理不消毒，结果排出的虫体和虫卵又被猪食入后再感染。正确的做法是：驱虫后要及时清除粪便，堆积发酵、焚烧或深埋，猪舍地面、墙壁和饲槽要用5%的石灰水消毒，以防排出的虫体和虫卵又被猪吃了重新感染。

5. 观察驱虫效果

给猪驱虫时，应仔细观察。若出现中毒如呕吐、腹泻等症状，应立即将猪赶出栏舍，让其自由活动，缓解中毒症状；严重者让其饮服煮得半熟的绿豆汤。对拉稀者，取木炭或锅底灰50克，拌入饲料中喂服，连服2～3天即愈。若驱虫药效果不佳，可改用中药使君子，10～15千克的小猪每次喂5～8粒；20～40千克的中猪每次喂10～20粒，同时用生南瓜子调成糊状，拌入少量饲料喂猪。连喂2次，每千克体重2克即可。

第十八章 降低饲料成本养猪法

农村中许多养猪户，常常埋怨养猪成本高，不划算而停止养肉猪。其实如果动动脑筋，结合本地实际和自身的种、养条件，就不难发现几种既经济又实惠的节粮型养猪方法。“猪吃百样草，就怕你不找”。

我国劳动人民和广大畜牧科技工作者，将稻草秸秆、秕壳、藤蔓、牧草、树叶、粉渣等经加工粉碎，利用有益的微生物对粗饲料进行发酵，从而提高营养价值和消化吸收率，达到扩大饲料来源，节约饲料粮，改善适口性，节约能源，减少公害，增加肥源，实现生态良性循环。

能量饲料常见的发酵方法，有生料菌发酵、种曲发酵、人工瘤胃、塑料袋发酵，还有菌糠与担子菌发酵、畜禽粪发酵等，它们都能制作出优质发酵饲粮。

在蛋白质饲料方面，同样可应用生物技术将植物饼粕发酵脱毒，还有畜禽屠宰的废弃物的发酵、固体发酵菌体蛋白饲料、微型藻与光合细菌饲料、微生物发酵生产饲料添加剂等。

粗饲料经发酵加工，不用精料或少用精料同样可养好猪。现介绍采用生物技术开发利用本地饲料资源，发展节粮型养猪的方法。

据河南浚县计经委报道:河南省浚县卫贤乡裴营村农民赵某某,1998 年以来应用作物秸秆发酵养猪 30 头,获净利 8 000 多元。他的秸秆就地取材,有花生秧、红薯秧、豆秸、玉米秆、麦糠等。但无论哪种秸秆,都要严格操作工艺,首先在粉碎机内将秸秆加工成末状,把氧化钙、氯化钠、尿素、白糖等 14 种原料加入水中,配制成发酵液,并测其酸碱度,将 pH 值调到中性,然后把发酵液兑在秸秆粉中搅拌均匀,而后堆积发酵。秸秆粉发酵后加入 10%玉米面就可以直接喂猪了。

赵某某介绍说,他养猪一年多来,对猪的防病治病和其他人一样,所不同的是用秸秆饲料养猪。秸秆粉通过发酵后,可将难以被猪直接吸收的木质素、纤维素、半纤维素转化成为能被猪吸收的成分。发酵后的秸秆粉不光营养成分得到了改变,还带有酒香味,猪特别爱吃。他还说,用秸秆养猪和精料养猪饲养周期一样,尽管料用比大了一点,但作物秸秆到处可取,价格低廉,还是比喂精料赚钱。

如广西宁明县旧食品猪场的承包户刘某某用 50%代用料喂养 50 头猪,5 个半月出栏,每头盈利 180 元;宁明县城中镇福仁街黎某用 30%代用料喂 25 头猪,5 个半月出栏,每头盈利 150 元;广西宁明县科委用发酵菠萝渣饲料 20%喂 12 头肉猪,3 个半月出栏,每头盈利 200 元。开发饲料资源,代粮喂猪,如多喂青粗料,以酒糟、粉渣、菌糠等代粮、发酵饲料代粮、粉渣代粮、土面代粮,均能取得显著效果。

一、生料发酵菌的制作与应用

生料发酵菌是一种高效复合秸秆发酵菌。其中含纤维分解菌、乳酸菌、酵母菌、光合菌、放线菌、氨基酸菌等。生物发酵菌剂能将稻、麦、玉米、豆类、花生、草等植物秸秆、木薯渣、马铃薯渣、红薯渣等迅速发酵成优质蛋白饲料。试验证明具有以下特点:①用生料发酵菌发酵的饲料,含有丰富的蛋白质、消化酶、维生素等。1997年笔者在百色生化饲料厂,用生料发酵菌发酵木薯渣成功,1997年10月17日经广西技术检验站检验,其粗蛋白质含量达11.7%(木薯渣粗蛋白质含量为2%,比原含量高出9.7个百分点),其粗蛋白含量比东北的玉米含粗蛋白7.8%还高出3.9个百分点,相当于1.4千克东北玉米的粗蛋白含量。经过生化处理的木薯渣粗纤维降解较好,具有香、甜、酸多种味道,适应猪的口味,可全部取代猪日粮中的谷物,补充必要的赖氨酸、蛋氨酸,或补充羽毛碱溶解液,可直接喂猪。在营养平衡条件下,猪饲料配方中,生化木薯渣可用40%~60%,可增加产品在市场上的竞争性。②成本低。每1 000克生料发酵菌可发酵500千克饲料,每千克费用仅3角左右。③效益高。每头猪可节约饲料成本200元左右,饲料曲香味、颜色黄亮,畜禽爱吃,吃后就睡,增长迅速。④制作容易。发酵时间短,仅需3~7天,不受季节限制,原料广泛,节约粮食。此产品用于喂猪,可节约粮食30%~50%,且生产周期与喂原粮饲料相当。鱼可添加30%~50%,鸡鸭可添加10%~20%,牛、羊可添加90%,增长效果与喂精料相当,喂奶牛可提高奶产量10%～13%。

1. 生料发酵菌制作

特制生料发酵菌是由根霉菌、曲霉菌、酵母菌、糖化霉、犁头霉、毛霉、纤维素霉等几种原料全部或其中几种按一定比例配合而成的,其最佳配方(重量百分比)为根霉菌15%、曲霉菌5%、酵母菌15%、纤维素酶5%、糖化酶40%、犁头霉10%、毛霉5%、白地霉5%。将以上原料按比例混合,充分拌匀,再经晒干,即可制成粉末状的高功能的生料发酵菌。

2. 发酵母液的制备

按发酵秸秆100千克用0.2千克生料发酵菌准备,将0.5千克红糖或白砂糖用清水5千克化开,加入生料发酵菌0.2千克,置于10千克容量的塑料桶中搅匀(容器必大于水的一倍,不然发酵膨胀易炸裂塑料桶),密封,室温放置12～24小时即成发酵母液,3天内要用完。

3. 制作发酵生产液

将发酵母液5千克、红糖或白砂糖1千克加清水80～120千克混成发酵生产液。

将农作物如麦、稻、玉米、豆秆、花生蔓粉碎,喂猪的用40～60目筛(越细越好)过筛备用。

4. 发酵方法

将发酵生产液80～120千克均匀泼在100千克秸秆中,边泼边搅,让其含水量达40%～60%,手抓秸秆手指缝有滴水,手一放则散即可。然后装入塑料袋或大水缸等密闭容器中,密封无氧发酵3～7天,检查发酵秸秆温度(常温),闻之微酸、有曲香味,即发酵成功。太酸并有腐败气味或明显霉变,温度 50 ℃,表明发酵失败,应放弃。

注意:①发酵成败的关键是密封不透气,应逐层压实,不应有干夹层,太干太湿不利于发酵。②发酵成功后完全密封好,可保存 60 天,最好是现配现喂。若想长期保存或作为商品出售,可做晒干或烘干处理。③添加 10%～20%麦麸、玉米粉、米糠一起发酵,味道更香,营养更高。④喂牛、羊加 1 千克尿素与糖水化开发酵,可提高蛋白含量。

5. 发酵饲料使用方法

断奶仔猪从在日粮中加入生料发酵饲料 5%开始,以后每过一周增加 5%,到第 10 周达到 50%,以后每周递减 5%,直至出栏。

猪的基础饲料营养应全面,并符合饲料标准。自配饲料时,应考虑到添加微量元素、多种维生素、食盐、氨基酸、骨粉或磷酸钙等。其比例应按基础料和生料发酵两部分总和配制。加入发酵料后,猪的疾病减少,肉质鲜嫩,日增重和耗料情况正常。

二、自制复合氨基酸的简单方法

现在农户养猪,买饲料喂养,成本高,效益差,有的甚至亏本。建议养猪户都自己配饲料,自制复合氨基酸,饲料成本可大大降低,每头猪盈利可达 100 元以上。重庆市孙某某,应用此法养猪,每头猪盈利 195 元。

好马配好鞍,好饲料要配氨基酸。复合氨基酸饲料是高科技生物制品。本品富含多种游离态氨基酸、多肽等营养物质，可强化动物消化机能的活性，激活禽畜体内活性，促进饲料氨基酸平衡，产生丰富的有效性生长因子，增强饲料的营养价值，提高饲料的利用率，达到省料、增产、提高存活率三大功效，是理想的鱼粉、豆粕替代产品。

1. 制造方法

(1)设备：铁罐或铁锅。（注意：因有腐蚀性，不能用铝、锑、铜等锅。）

(2)生产原料：各种动物废皮、鸡毛、头发、猪毛等下脚料。

(3)生产用辅料

①氢氧化钠：又名烧碱、火碱、苛性碱。纯品是白色透明的晶体，相对密度2.130，溶点318.4 ℃。工业品种中含有少量的氯化钠和碳酸钠，吸湿性很强，易溶于水，同时强烈放热。它是一种强碱，对皮肤、织物、纸张等有强腐蚀性。这里选用工业级品，配制溶液过程中，需要使用耐碱腐蚀的溶器，例如玻璃、陶器、塑料等容器，不可使用铁器。操作人员要戴防护手套，溅于皮肤或衣物上要及时用水冲洗。固体原料贮存时需防潮。这里用作煮原料，每千克原料用45克。

②盐酸：又名氢氯酸。纯品无色。工业品因含有杂质而呈黄色（这里用工业级），浓度在36%左右，相对密度1.19，在空气中发烟，有刺激臭味。它是一种强酸，对皮肤、织物、纸张等有腐蚀性。这里用作pH值调节剂。稀释时所用容器及操作时的注意事项同氢氧化钠一样。

2. 操作

(1)配比：1千克羽毛（头发、鸡毛、猪毛等），7千克清水，45克氢氧化钠。

(2)煮法:把1千克羽毛、7千克水按比例放到铁锅中明火煮,待水开后,慢慢加入烧碱,不要一次倒齐,逐步搅拌,加完烧碱后,煮至羽毛全部溶解即停火。

(3)调pH值:把溶解的复合氨基酸液倒到塑料缸中,待它彻底冷却后,开始调pH值,直至pH达7为止。

(4)经调整,复合氨基酸的pH值达到7后,即用米糠或麦麸来拌匀,达到手抓一团指缝不滴水,一放即散,这样就可晒干备用。

3. 用法

(1)初次在日粮中加本品用2%。

(2)以后在日粮中加入本品:鸡、鸭、鹅用5%~7%;猪用6%~8%;鱼用8%~12%。

(3)粗蛋白达40%的氨基酸饲料等量代替豆粕;粗蛋白达55%的氨基酸饲料等量可代替秘鲁鱼粉。

4. 自制氨基酸的特点

(1)蛋鸡和牛奶可延长生产期1~2个月,猪可提前10天出栏。

(2)具有水解蛋白的香气和鲜味,适口性强(本品呈褐色)。

(3)可提高受精率、孵化率、产仔率和成活率。

(4)显著降低蛋鸡的啄肛、吸羽现象等。

(5)防治或缓解鸡拉稀、蛋色好、蛋重增加,猪毛色油亮、贪睡不爱动。

注:①烧碱、盐酸在化工店买工业品级,不买化学级或试剂级(太贵)。②pH试纸从试剂门市部买。

三、菌糠饲料

近年来,食用菌的生产有了很大发展。以往,收菌后的底物一般都作了肥料,有的白白扔掉,造成了浪费。为了进一步提高食用菌的生产经济效益,可将底物加工成菌体(糠)饲料,用来喂猪,其效果很好。

1. 菌糠饲料的营养价值

用稻草、谷壳等培养食用菌,栽培后的培养料,其物理性状大大改变,原来粗硬的纤维变成柔软可口的好饲料。其粗纤维含量已从栽培食用菌前的30%~60%降为15%~25%,而且收菌后的粗纤维也能被禽畜消化吸收,蛋白质含量比栽培前提高了50%。一般菌糠含粗蛋白质5%~12%,每千克含消化能2 500~2 800大卡,每千克菌糠含钙5克,含磷6克。每100千克的培养料生产价值100多元食用菌外,还可以得到60多千克的菌糠饲料。

2. 菌糠饲料的生产

收获2~4茬食用菌以后,底物而可作为菌糠。具体做法是:收获最后一茬食用菌后3天,喷洒一次0.1%的尿素或1%的洗米水,喷后用塑料薄膜覆盖7天,于子实体分化前将菌糠收起备用。收料时将发霉、发黑和红、灰、黄、褐等不正常菌糠团块去掉。菌畦或袋内部长满菌丝、白色无杂菌的料为上等菌糠,若有小部分培养料长满了菌丝并串结不良则为中等,杂菌污染严重的为下等菌糠。

菌糠经简单加工后就可用作饲料。在不需贮运而鲜喂时,可将潮湿的菌料放入青料打浆机中打浆,掺入其他饲料中喂畜禽。若为贮运方便或生产配合饲料,则需制成糠。有烘干设备的,将菌料块放于 70 ℃下烘干,粉碎成糠;无烘干设备的,可晒干或置于多层架下风干。在干燥过程中最好不要弄破料块,以防营养损失,粉碎时应于密闭室内进行,粉碎后将室内、墙壁上附着的粉尘收集起来,装袋密封贮运。

菌糠饲料仍属粗饲料范畴,适口性较差,所以应用菌糠喂猪只能代替部分粗饲料,菌糠所占日粮比例不宜太大,一般占日粮 20%～35%。喂 25 千克以下的小猪,一般占日粮的 10%～20%;喂 25～45 千克的中猪,一般占日粮的 25%～30%;喂 45 千克以上的猪,占日粮的 30%～35%;喂成年母猪,占日粮的 33%～40%。

3. 菌糠饲料的应用配方

(1)仔猪饲料

用自制蛋白质饲料 100 千克和大豆渣(豆腐渣)50 千克作为蛋白质来源;用 100 千克蘑菇渣子(一次发酵,含水约 40%),加入麦糠 50 千克作糟糠;玉米 400 千克、黑麦(压扁)200 千克,果渣 100 千克作为容物;另加食盐 4 千克、牡蛎粉(碳酸钙)6 千克、烧酒糟(用水调成糊状,作为水分调配剂使用)250 千克。

制作方法:把自制蛋白饲料与大豆渣、蘑菇渣、麦麸、食盐、牡蛎粉等混合,放入蒸搅机内,在 70 ℃高温下热处理 2 小时,然后加入玉米、黑麦、果渣等,再加入水调剂的烧酒糟,搅拌均匀,最后撒上酵母菌 100 毫升,全部装入发酵槽内,发酵水分保持 30%左右(手握成团,撒手即散),温度保持在 40 ℃

左右。

发酵槽用薄木板制作，槽的内侧和底部铺上2～3层纸袋，上面盖上2～3层纸袋，纸袋上盖3层麻袋，形成良好的保温环境，60～70分钟后，即可供仔猪食用。

仔猪生出3周后，开始隔奶，到35日完全断奶，并开始喂仔猪菌体饲料。完全断奶后6日开始在日粮中加喂20％的菌体饲料，11日加喂40％，14日加喂60％，17日全部喂用。所给予的饲料量为猪体重的5％，可视猪吃的情况调节。

(2)肉猪饲料

饲料配方：自制蛋白质饲料50千克、大豆渣50千克、蘑菇渣200千克、麦麸60千克、大麦40千克、玉米400千克、黑麦(压扁)100千克、果渣100千克、食盐4千克、牡蛎粉6千克、烧酒糟250千克。制作方法同上。

饲喂方法：成群饲养的育肥猪喂用菌体饲料，给予量为猪体重的3.3％。猪重增加饲料也要增加，饲料中必须含25％～30％的水分。

四、木薯渣的喂猪法

1. 木薯渣的营养价值

木薯渣是木薯制取淀粉后的副产品。据测定，鲜木薯渣内含水分85.4％、粗蛋白0.41％、粗脂肪0.25％、淀粉5.07％、粗纤维8.39％、灰分0.48％，每千克木薯渣消化能为625.7大卡。1千克干木薯渣(由4千克鲜木薯渣晒成)的消化能相当于2.4千克三七统糠或3.5千克稻草粉或1.5千克干番薯藤。由于在加工过程中,大部分氢氰酸溶解于水而流走,木薯渣的含毒量很少,毒性不大。

木薯渣的特点是内含蛋白质、维生素、矿物质元素如磷、钙、铁、锌等都很少,因此在利用木薯渣代替青、粗饲料时,要考虑基础日粮必需氨基酸和维生素等是否合乎猪的营养需要。

2. 利用方法

利用木薯渣喂猪,应根据猪的生长发育规律而确定用量。初生至4月龄是猪骨骼生长最快的时期,6月龄后趋于稳定;4~7月龄是肌肉长得较快的时候;脂肪积累则是6月龄以后。因此,用木薯渣喂猪对大猪催肥是很适宜的。断奶后的小猪可用木薯渣代替1/3~1/4的青粗饲料;中猪即以1/2或1/3为宜。

目前人们常用配方是:

木薯渣(干计)30千克、米糠20千克、糖50克、食盐0.35千克、百日促长剂50克拌匀,用生料发酵菌缸藏发酵,直接拌50%精料饲喂猪。经过发酵以后,其粗蛋白由原来的2%,提高到11%以上。

五、菠萝渣掺入饲料喂猪法

菠萝渣是加工菠萝罐头的副产品,约占整个菠萝的60%。

湿菠萝渣含水分82%~83%,糖分4.7%~6.3%,粗纤维1.96%~2%,粗蛋白0.6%,酸分0.37%。菠萝干渣含水分10%,含转化糖30%,粗纤维12%~47%,粗蛋白3.87%,酸分3.74%,灰分3.74%。

利用方法:鲜菠萝渣用塑料袋贮藏或缸藏,压实。饲喂前将菠萝渣切碎或打成浆,饲喂时,按日粮20%添加生喂。

菠萝渣(经过第一次压榨后)经粉碎(立式飞刀式粉碎机)、加温(80 ℃以上,5~7分钟)、压榨机压榨、烘干(或晒太阳)、包装后,按日粮10%~15%添加喂猪。

六、酒糟喂猪法

随着酿酒工业的发展,酿酒的下脚料——酒糟越来越多,群众习惯用酒糟喂猪,如果利用合理,有益无害。

1. 酒糟的营养特点

酒糟,干物质32.5%,每千克含消化能810大卡,粗蛋白7.5%,粗纤维5.7%,钙0.19%,磷0.2%,赖氨酸0.33%,蛋氨酸+胱氨酸0.8%,B族维生素含量也较高,而无氮浸出物、胡萝卜素、维生素D和钙含量不足。酒糟中含有曲香,适口性较好,能增加猪的采食量,同时,酒糟经过高温蒸煮、糖化、发酵等工序,质地柔软,干净卫生,猪吃了不易生病。酒糟含有残留酒精,如果喂用过量,易引起便秘,群众称之为"火性饲料"。

2. 使用酒糟喂猪应注意的事项

(1)不能单独饲喂。因为酒糟中无氮浸出物含量低,粗蛋白品质较差,缺乏胡萝卜素、维生素D、钙等。在喂酒糟时,要搭配一定数量的玉米、糠麸、饼粕等饲料和适量的钙质,多喂青绿饲料,这样可增加营养,防止便秘。一般新鲜酒糟的喂量不能超过25%,干燥酒糟应控制在10%以下,含有大量谷壳的酒糟要打成浆。平时调料时要多加些皮硝(芒硝)。

(2)酒糟不宜直接喂。喂前要加热,使酒精蒸发。对异常发酸的酒糟,应加石灰中和。每千克酒糟加石灰粉50～75克,并充分拌匀。已经发霉败坏的酒糟应废弃,不能喂猪。

(3)酒糟喂一定时间后,要间隙一段时间再喂,这样,可防止酒糟所引起的慢性酒精中毒。

(4)喂不完的酒糟,要根据酒糟水分含量的多少,适当加一定的米糠用以窖藏;或将水分较多的酒糟倒入缸内(池内),让它沉淀,然后除去上层清水,再添加新糟,如此反复多次,沉淀物呈浓糊状,即可较长时间拿来喂猪。但最后一次沉淀要保持一定的积水,以隔绝空气,防止变坏。

(5)对于架子猪来说,喂量可大些,但也不要超过日粮的一半;幼猪和育肥猪要控制酒糟用量;妊娠和哺乳母猪应适当少喂,否则容易造成母猪流产、死胎、产弱仔或产后猪仔下痢。种公猪采精前最好不喂酒糟,以免精子畸形,影响受精。夏季喂用,要注意加些食盐和石膏,清凉下火。

(6)如果把米酒糟、高粱酒糟打成浆,较果更好。打浆设备很简单,打浆机、粉碎机都可以。加工时,新鲜酒糟与水按比例4:6同时入机。如果用粉碎机打浆,要把鼓风机去掉,堵住吸风口,改用底部淌口出浆,筛眼为1.2～1.5毫米。加工后的糟浆成为糊状,浓度以静置后表面无明水为好。

(7)猪酒精中毒的处理:猪长期大量食酒糟或食腐变酒糟,很容易发生酒精中毒。

慢性酒精中毒的症状:消化不良,食欲减退,流涎,眼结膜黄色,皮肤发黄,怀孕母猪容易引起流产。表现为消化道发生紊乱,呈现顽固性胃炎,先便秘后下泻,精神不振,体温上升到39.5～41 ℃,体皮有皮疹,四肢肿胀,发生坏死。

严重中毒的症状:主要呈现胃肠炎、腹痛下泻,兴奋不安,性情狂暴,躯体四肢发生皮炎,行走不稳,卧地不起,眼结膜潮红,体温下降,最后四肢麻痹、呼吸困难而死。

发生酒精中毒应立即停喂酒糟,及时治疗。①肌肉注射10%～20%的安纳加5～10毫升;②静脉注射葡萄糖生理盐水500毫升;③内服小苏打水1 000～2 000毫升;④病猪兴奋不安时,可注射盐酸氯丙嗪注射液,按每千克体重1～2毫升,一次肌肉注射。

七、血粉的制作方法

据商业部门统计,我国每年收购屠宰生猪约1.2亿头,按每头产猪血5千克计算,年可产猪血60万吨。猪血除小部分供人们食用外,还有大部分找不到销路。其实,猪血可以制成血粉。血粉含有丰富的营养物质,是一种很好的畜禽饲料添加剂。据测定,每千克血粉可产生消化能4 118大卡,比秘鲁鱼粉高24.4%,含粗蛋白83%,是秘鲁鱼粉的1.28倍。在饲料中添加血粉,可促进畜禽生长,提高饲料报酬,缩短饲养周期。

制作猪血粉的设备简单,只要有铝桶或木桶、铁耙、铁锹、扫帚、秤及晒场就行了。晒场面积一般一头猪为0.3平方米。

铝桶或木桶数量根据猪的头数多少而定。一般每只铝桶可盛装 4～5 头猪的猪血。

1. 用麸皮作吸水剂制作“载体血粉”

把屠宰新鲜的猪、牛、羊血收集起来,按 5 千克鲜血加 2.5 千克麸皮的比例混合均匀。把凝血后的血块捏散,用阳光或炕灶(不超过 80 ℃)尽快晒干或烘干即成。

质量的高低取决于温度和干燥的时间长短。温度过高,蛋白质被破坏、变性;时间过长,即引起腐败变质。

这种载体血粉含纯血 37.8%,消化能约为 2 149 大卡,粗蛋白质含量为 41.6%左右,比玉米蛋白含量高 4 倍。特别是畜禽不可少的赖氨酸、色氨酸含量丰富。用时可按配合饲料配方比例计算加入量。

2. 用统糠为吸水剂制作“载体血粉”

先把屠宰的猪、牛、羊血放入桶内,经 1 小时左右,待血凝固、称重后倒入等量的统糠,然后用铁耙拌匀,平摊铺在水泥地晒场上,厚度不得超过 3 厘米。在盛夏季节,经太阳晒一天即可干燥,但每天要翻拌 7～8 次。如遇阴雨、无阳光天气,要薄摊在通风良好的室内,并经常翻拌,加快阴干,干燥后经压即成血粉。

3. 日晒制作法

(1)将凝固的健康的猪、牛、羊血倒入水泥晒池,其深度约 5 厘米(晒池的大小不拘,池周边高 10 厘米左右)。

(2)踏血:将草席盖在池内的血块上,用两足各处均匀地踩踏,使席下血块变成豆腐脑一样,同时许多血水向外流出。

(3)日晒:将草席揭开,阳光晒 2 小时左右,则表面结成如大饼状,用手翻过来,如此翻来复去,每天翻 5～8 次。

(4)晒干:夏天平均 3 天可晒干,春秋 4～5 天可晒干。晒干后如锅巴一样,很脆很酥,用手一捏即粉碎。

(5)过筛:晒干后,用木棒一打即破碎,过筛即成为粉,颜色呈紫黑色。

这种可溶性血粉,可存贮 2～3 年不致腐败。

4. 煮压制作法

(1)把凝固的健康猪、牛血,用刀划 10 厘米长短的立方块,放入沸水中煮。

(2)血块入锅,水沸即停,此时要注意不可使锅水再沸,否则血块即可撕裂,呈泡沫状态,损失很大。

(3)在水中 20 分钟左右,血块内部颜色已变,而且内外各部已凝结,即可取出。

(4)用厚布包住,放在压榨机上,压出水分。

(5)压出水分后,由布中取出,用手搓散,放在竹帘中晒干。夏天约 1 天、春秋约 2 天、冬天约 3 天即可晒干。用粉碎机粉碎,就成为棕黑色的血粉。

八、蚯蚓代替鱼粉喂猪法

1. 蚯蚓的营养价值

据试验,1 千克鲜蚯蚓,可产出粗蛋白品 0.5～0.7 千克,其风干蚯蚓含粗蛋白质 55%～66%。蚯蚓蛋白质含有各种必需氨基酸,其蛋白质生物学价值接近鱼粉。此外,还含有脂肪酸、类脂化合物、胆碱和维生素等。由于蚯蚓的营养价值较高,已被广泛用作优质的蛋白饲料,代替鱼粉喂猪。用蚯蚓粉喂猪 ,可使猪增重提高 19.2%～43.5%。

2. 蚯蚓的加工及喂猪方法

(1)蚯蚓粉简易制法:先把活蚯蚓用清水洗干净,在晴天中午阳光强烈时,倒在干净的水泥或石板地上,上面盖一层塑料薄膜,薄膜四边用湿泥盖紧不透气,将蚯蚓闷死、晒死,然后打开薄膜摊开晒干,晒干后用粉碎机粉碎即可配入饲料中喂猪。

(2)用蚯蚓粉喂猪方法:25 千克以下的猪,每头每天 10 克;25 千克以上的猪,每头每天喂 25 克;50 千克以上的猪,每头每天喂 50 克。每天喂一餐。

①用蚯蚓粉喂猪不宜超过日粮的 8%;因为蚯蚓内含有蚁酸,若饲喂过量,能引起胃肠麻痹,影响食欲。

②喂蚯蚓粉不能断断续续,否则效果不佳。

九、用蝇蛆代替动物蛋白

蝇蛆营养价值高,是畜禽的好饲料。干蛆含粗蛋白 53.26%,粗脂肪 13.29%,灰分 7.2%,无氮浸出物 26.39%,赖氨酸4.09%,蛋氨酸 1.41%,胱氨酸 0.53%。经用蛆粉与鱼粉做养猪对比试验,在同样条件下,对断奶仔猪分别饲喂 60 天,蛆粉组比鱼粉组增重提高 7.18%,每增重 1 千克,所用的饲料成本费蛆粉组比鱼粉组降低了 13.2%

1. 养蝇蛆的设备

大量连续养蝇蛆,需设置蝇房和蛆房各一间。蝇房按时向育蛆房提供尽量多的蝇卵，育蛆房则专门孵卵成蛆。房间大小视养猪需要养蝇育蛆多少而定。

(1)蝇房设备

①以 16 目铁丝网制成蝇笼，笼大小为 50 厘米×60 厘米×120 厘米，可养蝇 200～300 只，笼的一端留一进出料口(大小以适合饲料盆和取卵盆出入为宜)。

②铁皮(或木)制成长方形或圆形的饲料盆各 2 个。

③小喷雾器 1 个，以备气温在 30 ℃时喷水增湿降温。

(2)育蛆房设备

①一个 4～6 层的木架，层距 30 厘米，搁放育蛆饲料盆。

②直径 50 厘米的瓦盆若干个。每天从蝇笼取卵一次，每取一次分 3 盆饲养。

③10 目、14 目铁丝网筛各 1 个，供分离饲料和蝇蛆用。

2. 蝇蛆的饲料

家蝇酸甜均吃，尤喜甜食。每笼每次可用统糠 1.6 千克、玉米或麦麸 0.3 千克，用酒糟、米汤或清水拌匀，湿度为 65%～70%，面上撒点砂糖更好。如育大头青蝇，则以猪、鱼、鸭的血、毛和肠肚等作饲料。

3. 采卵与饲养

蝇喜光，故宜在黑暗情况下出旧料、进新料、取卵，以免苍蝇趁机飞出。蝇多在中午、下午产卵，每日天亮前取卵。取卵前，应把鲜猪粪放进育蛆房的养蛆盆内，然后把从蝇笼取出的卵连同蝇饲料倒在养蛆盆的鲜粪上。气温在 30 ℃左右，经 4～10 小时即化成蛆。如气温在 26～27 ℃，则需 26 小时。

家蝇蛆 3～5 天成熟，第 6～7 天休眠，第 8 天开始成蛹，蛹期 4～5 天。两周内陆续羽化成蝇,成蝇后 2～3 天开始交配,4 天后开始产卵,第二周为产卵高峰期。到第 22～25 天趋于老化、死亡。养蝇育蛆应掌握此规律,每批种蝇养 3 周即可淘汰,另换一批。可断食饿死或高温杀死。死蝇可喂西洋鸭或埋掉。

蛆的产量取于种蝇多少。养蝇 2 万～3 万只,一次产卵育蛆 2～3 千克。家蝇蛆 500 克约 27 000 条,大头青蝇蛆约 9 000 条。0.5 千克猪屎可育蛆 250 克。蛆的饲料要适当,过少蛆会爬出盆外。

室内温度,蛆房应保持在 28～30 ℃为宜,蝇房以 25～27 ℃为好。蝇房温度超过 30 ℃,应设法降温和保持饲料湿度。此时以鲜瓜皮作为饲料最好。

4. 蛆的杀菌消毒处理

蝇蛆经 3～4 天饲养成熟即可从饲料中分离出来,这时饲料养分已完,只宜作肥料用。分离蝇蛆的方法有两种:一是把蛆盆放进大缸,以麻袋封严缸口,放在阳光下暴晒,因缸内缺氧和温度高,蝇蛆纷纷爬至缸底;二是以 19 目或 14 目铁丝筛放在缸口上,将饲料连蛆倒入筛内,以强光照射,蝇蛆怕光下钻便跌入缸内。蝇蛆经消毒杀菌粉碎后才能作配合饲料喂猪。大头青蝇蛆可以沸水烫死或煎煮,家蝇以 0.01%的高锰酸钾液冲洗即可。

注意事项:鼠、蚁喜食蝇蛆,必须严加防避。饲蛆料厚度不得超过 10 厘米,否则饲料发热,蛆会跑出。蝇蛆的饲料以湿度 60%为宜。

十、代用料喂猪参考配方

“代用料”大部分是粗料,是饲养家畜的主要饲料。衡量粗饲料质量的主要指标,先看它含粗纤维的数量,再看它含其他营养物质的数量和质量。一般粗饲料中的粗纤维含量在18%以上,有机物质消化率在70%以下。凡是含粗纤维少,含其他营养物质全面而丰富的粗料,都是质量好的粗饲料。主要特点是:

(1)粗饲料中的粗纤维含量虽然都高,但粗饲料种类不同而其含量也不同。如干草类含粗纤维为25%~30%,秸秆和秕壳类含粗纤维为25%~50%或更多。所以干草类(包括树叶)的消化率和饲用价值,就要比秸秆类高。

(2)粗饲料中的粗蛋白含量差异很大。豆科干草一般含粗蛋白质为10%~20%,禾本科干草含6%~10%,而禾本科秸秆和秕壳仅含3%~5%。就粗蛋白质的消化率来说,也是禾本科干草高于其他秸秆和秕壳。如苜蓿干草的粗蛋白质消化率为71%,而大麦秸秆仅为24%。

(3)粗饲料一般含钙较多,含磷较少。豆科干草和秸秆含钙量为1.5%左右,禾本科干草和秸秆仅为0.2%~0.4%。各种干草含磷量均在0.15%~0.3%,而秸秆类均在0.1%以下。

(4)粗饲料中的维生素质量差异很大。一般来说,优质青干草特别是豆科干草,含有较多的胡萝卜素和维生素D,而各种秸秆和秕壳几乎全部缺乏胡萝卜素和B族维生素。

在常用的代用料中,一般来说,豆科优于禾本科,嫩的优于老的,绿色的优于枯黄的,叶片多的优于叶片少的。如苜蓿等豆科干草、野生青干草、花生秧、大豆叶、甘薯藤、榆树叶和槐树叶等,不仅含粗蛋白质、矿物质和维生素较多,营养丰富,适口性好,较易消化,而且也比较容易加工粉碎。花生壳、稻壳、高粱壳、小麦秆、玉米秆、稻草等,不仅含可消化利用的物质很少,而且粗纤维含量极高(花生壳含粗纤维约 65.5%,稻壳含 46.8%),质地粗硬,难以消化。此外,高粱壳含单宁较多,适口性不好,易引起便秘;稻壳、稻草含多量硅酸盐,严重阻碍钙、磷的吸收。这类粗饲料在日粮中搭配过多,不仅对猪的生长没有好处,而且还会降低混合饲料的消化吸收率。

利用代用料喂猪,必须注意以下几个问题:

(1)用"代用料"喂猪,仔猪配合饲料比例不能超过 30%,中猪不能超过 50%,大猪不能超过 40%。

(2)每个饲料配方中,代用饲料要有 3 种以上。

(3)所用的代用饲料必须经过发酵才能喂猪,发酵方法有多种,任选一种即可。

(4)代用料在发酵时要加 0.5%硫酸钠、1%过磷酸钙(农用的,钙镁磷肥不能用)、0.1%百日促长剂、0.6%蛋白质转化剂。

(5)要做到粗料细作。粗饲料体积大,质地粗硬,适口性差,不易消化,所以应将其加工调制好,粗料细作,才能成为养猪的好饲料。

(6)饲喂时,质优、质劣的粗饲料要搭配喂,如水稻产区和花生产区,应尽量避免单纯利用稻壳或花生壳作为粗饲料来喂猪,而应把它与青干草、甘薯藤、花生秧、大豆叶等优质粗饲料搭配来喂。在高粱产地区,也应把高粱壳与大豆叶等其他优质粗饲料混合起来喂猪。

参考配方:

(1)小猪阶段

①旱藕粉40%、玉米粉14.8%、稻谷10%、羽毛粉2%、血粉1%、花生麸5%、松针叶5%、干草9.5%、干花藤10%、芒硝0.5%、百日促长剂0.7%、过磷酸钙1%、食盐0.5%。

②橡子仁粉20%、旱藕粉20%、玉米粉20%、稻谷9.5%、花生麸5%、松针叶5%、干花生藤10%、干草7.4%、蛋白质转化剂0.6%、芒硝0.5%、过磷酸钙1%、百日促长剂0.7%、赖氨酸0.15%、蛋氨酸0.3%、食盐0.5%。

③木薯粉30%、玉米19.3%、旱藕粉15%、花生麸6%、羽毛粉1%、血粉1%、玉糠5%、松针叶5%、干草粉15%、过磷酸钙1%、食盐0.4%、芒硝0.5%、百日促长剂0.7%。

(2)中猪阶段

①旱藕粉20%、木薯粉26%、稻谷10%、松针叶粉10%、干花生藤10%、大豆5%、干红薯藤粉10%、花生饼3.3%、羽毛粉2%、头发水1%、过磷酸钙1%、芒硝0.5%、食盐0.5%、百日促长剂0.7%。

②稻谷20%、玉米13.3%、木薯粉15%、松针叶粉10%、米酒糟25%(鲜)、大豆5%、花生饼5%、羽毛粉2%、血粉2%、过磷酸钙1%、食盐0.5%、芒硝0.5%、百日促长剂0.7%。

③玉米30%、木薯10%、干花生藤10%、干草粉10%、松

针粉10%、大豆饼7%、脱毒茶麸4.9%、血粉2%、米酒糟13.4%(鲜)、过磷酸钙1%、食盐0.5%、芒硝0.5%、百日促长剂0.7%。

(3)大猪阶段

①木薯粉40%、稻谷1%、玉米5%、玉米秸秆粉(发酵处理过)10%、干红薯藤10%、松针叶粉15%、羽毛粉2%、血粉2%、花生麸3.3%、过磷酸钙1%、食盐0.5%、芒硝0.5%、百日促长剂0.7%。

②玉米粉20%、稻谷20%、米糠10%、松针叶粉10%、干花生藤10%、米酒糟17.4%、羽毛粉2%、血粉2%、花生饼6%、过磷酸钙1%、食盐0.5%、芒硝0.5%、百日促长剂0.7%。

③稻谷30%、旱藕粉10%、橡子仁粉10%、松针粉15%、干红薯藕10%、豆腐渣12.3%(鲜)、花生饼8%、菜籽饼8%、血粉2%、过磷酸钙1%、食盐0.5%、芒硝0.5%、百日促长剂0.7%。

注:①所有配足100%后,即行发酵才喂猪。

②除配方中已配0.5%芒硝外,每天每头猪还喂芒硝10~25克,小猪少喂,大猪多喂。

③玉米秸粉先行发酵再拌其他饲料发酵。

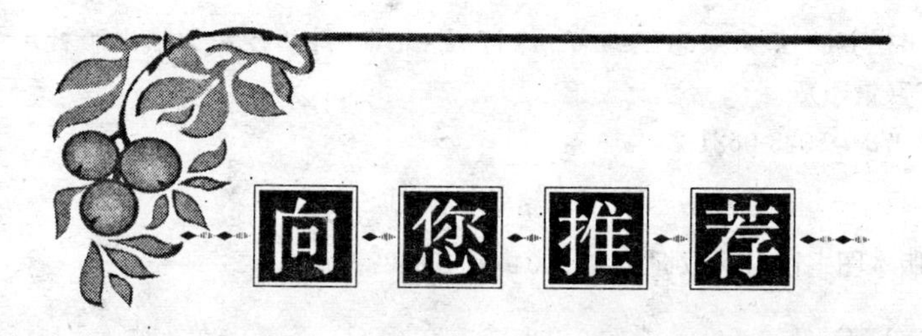

向您推荐

书名	定价
快速养鹅与鹅肥肝生产	5.00
肉鸡快速饲养(第二版)	8.00
蛋鸡饲养技术问答	9.00
肉鸭快速饲养	8.00
家庭养猪疑难问答	10.00
肉羊百日出栏舍饲技术	10.00
肉牛的饲料与饲养	18.00
肉用野味珍禽养殖	13.00

注:邮费按书款总价另加 20%

图书在版编目(CIP)数据

百日出栏养猪法 / 梁忠纪编著. -修订版. -北京:科学技术文献出版社,2012.7(重印)

ISBN 978-7-5023-0621-2

Ⅰ.①百… Ⅱ.①梁… Ⅲ.①养猪学 Ⅳ.①S828

中国版本图书馆 CIP 数据核字(2004)第 128422 号

百日出栏养猪法

策划编辑:袁其兴　责任编辑:袁其兴　责任校对:唐　炜　责任出版:王杰馨

出 版 者　科学技术文献出版社
地　　址　北京市复兴路 15 号　邮编　100038
编 务 部　(010)58882938,58882087(传真)
发 行 部　(010)58882868,58882866(传真)
邮 购 部　(010)58882873
官方网址　http://www.stdp.com.cn
淘宝旗舰店　http://stbook.taobao.com
发 行 者　科学技术文献出版社发行　全国各地新华书店经销
印 刷 者　北京高迪印刷有限公司
版　　次　2004 年 12 月第 2 版　2012 年 7 月第 17 次印刷
开　　本　787×1092　1/32 开
字　　数　171 千
印　　张　8.75
书　　号　ISBN 978-7-5023-0621-2
定　　价　12.00 元